◎本書の構成

・ウォーミングアップ…2，3 ページにある，基本的な計算問題です。最初に頭の体操をしましょう。

4 ページ以降は，次のような構成になっています。

例題…項目の代表的な問題を，解答とともに載せてあります。

実力テスト…左ページの例題と TRY で学んだことを確認するためのテストです。

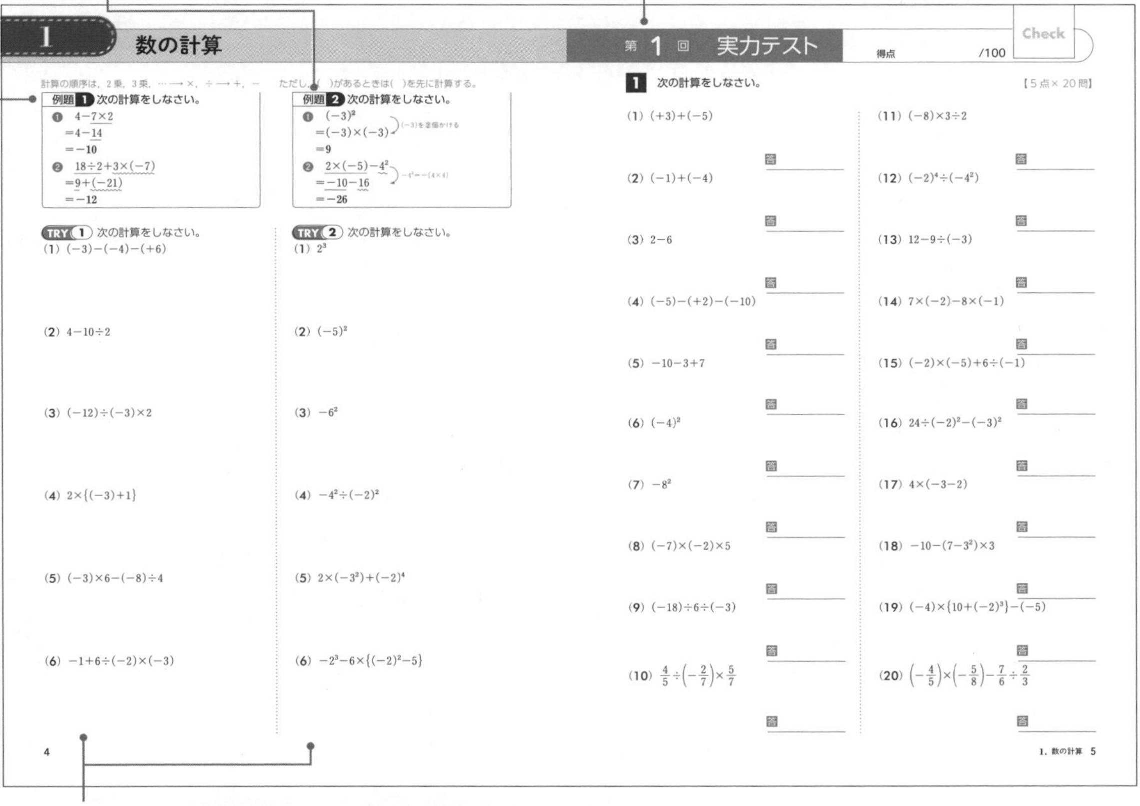

1 数の計算

計算の順序は，2 乗，3 乗，…→×，÷→＋，－　ただし，(　)があるときは(　)を先に計算する。

例題 1 次の計算をしなさい。

❶ $4-7\times2$
$=4-14$
$=-10$

❷ $18\div2+3\times(-7)$
$=9+(-21)$
$=-12$

例題 2 次の計算をしなさい。

❶ $(-3)^2$
$=(-3)\times(-3)$　(−3)を2個かける
$=9$

❷ $2\times(-5)-4^2$
$=-10-16$　$-4^2=-(4\times4)$
$=-26$

TRY 1 次の計算をしなさい。

(1) $(-3)-(-4)-(+6)$

(2) $4-10\div2$

(3) $(-12)\div(-3)\times2$

(4) $2\times\{(-3)+1\}$

(5) $(-3)\times6-(-8)\div4$

(6) $-1+6\div(-2)\times(-3)$

TRY 2 次の計算をしなさい。

(1) 2^3

(2) $(-5)^2$

(3) -6^2

(4) $-4^2\div(-2)^2$

(5) $2\times(-3^2)+(-2)^4$

(6) $-2^3-6\times\{(-2)^2-5\}$

4

第 1 回 実力テスト　得点　/100　Check

1 次の計算をしなさい。【5 点× 20 問】

(1) $(+3)+(-5)$　答

(2) $(-1)+(-4)$　答

(3) $2-6$　答

(4) $(-5)-(+2)-(-10)$　答

(5) $-10-3+7$　答

(6) $(-4)^2$　答

(7) -8^2　答

(8) $(-7)\times(-2)\times5$　答

(9) $(-18)\div6\div(-3)$　答

(10) $\frac{4}{5}\div\left(-\frac{2}{7}\right)\times\frac{5}{7}$　答

(11) $(-8)\times3\div2$　答

(12) $(-2)^4\div(-4^2)$　答

(13) $12-9\div(-3)$　答

(14) $7\times(-2)-8\times(-1)$　答

(15) $(-2)\times(-5)+6\div(-1)$　答

(16) $24\div(-2)^2-(-3)^2$　答

(17) $4\times(-3-2)$　答

(18) $-10-(7-3^2)\times3$　答

(19) $(-4)\times\{10+(-2)^3\}-(-5)$　答

(20) $\left(-\frac{4}{5}\right)\times\left(-\frac{5}{8}\right)-\frac{7}{6}\div\frac{2}{3}$　答

1. 数の計算　5

TRY…上の例題の類題です。解答を直接書き込みましょう。

もくじ

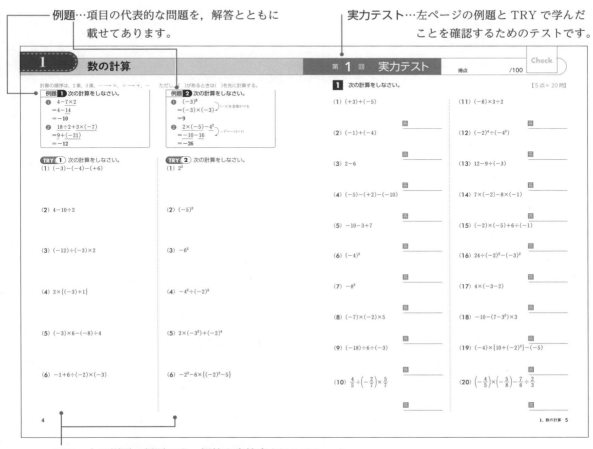

WARMING UP ウォーミングアップ

1 次の計算をしなさい。

(**1**)　$5+2$

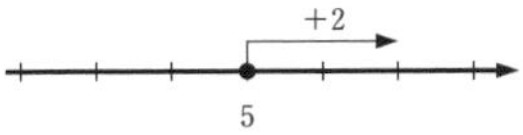

(**2**)　$5-2$

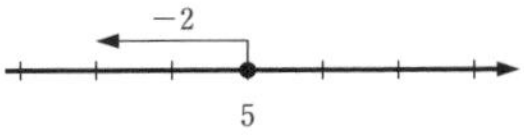

(**3**)　$(-5)+2$

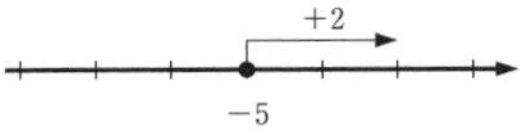

(**4**)　$(-5)-2$

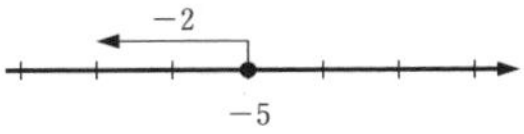

(**5**)　$5+(-2)$

(**6**)　$5-(-2)$

(**7**)　$(-5)+(-2)$

(**8**)　$(-5)-(-2)$

(**9**)　5×4

(**10**)　$20\div5$

(**11**)　$5\times(-4)$

(**12**)　$(-20)\div5$

(**13**)　$(-5)\times(-4)$

(**14**)　$(-20)\div(-5)$

(**15**)　$\frac{4}{7}\times\frac{3}{5}$

(**16**)　$\frac{4}{7}\div\frac{5}{3}$

(**17**)　$-\frac{2}{3}\times\frac{1}{5}$

(**18**)　$-\frac{2}{3}\div5$

(**19**)　$\frac{7}{2}-\frac{3}{2}$

(**20**)　$\frac{5}{2}+\frac{4}{3}$

2 次の計算をしなさい。

(1)
$$\begin{array}{r} 1.7 \\ +)\ \underline{\ \ 4.4} \end{array}$$

(2)
$$\begin{array}{r} 7.2\,1 \\ -)\ \underline{\ \ 2.6\,5} \end{array}$$

(3)
$$\begin{array}{r} 4.3 \\ \times)\ \underline{\ \ 0.3\,2} \end{array}$$

(4)
$$1.3\ \overline{)\ 3.2\,5}$$

3 次の式を×，÷の記号を使わずに表しなさい。

(1) $x\times 3$

(2) $a\times(-5)$

(3) $y\times 7\times x$

(4) $a\times b\times b$

(5) $a\times(-1)\times a$

(6) $a\div b$

(7) $(x+y)\div 2$

(8) $x\times y\div z$

(9) $x\div y\div z$

(10) $4\times a-b\times 3$

1 数の計算

計算の順序は，2 乗，3 乗，… ⟶ ×，÷ ⟶ ＋，－　ただし，(　)があるときは(　)を先に計算する。

例題 1 次の計算をしなさい。

❶ $4-7\times2$

$=4-14$

$=-10$

❷ $18\div2+3\times(-7)$

$=9+(-21)$

$=-12$

例題 2 次の計算をしなさい。

❶ $(-3)^2$

$=(-3)\times(-3)$　（(-3)を 2 個かける）

$=9$

❷ $2\times(-5)-4^2$

$=-10-16$　（$-4^2=-(4\times4)$）

$=-26$

TRY 1 次の計算をしなさい。

(1) $(-3)-(-4)-(+6)$

(2) $4-10\div2$

(3) $(-12)\div(-3)\times2$

(4) $2\times\{(-3)+1\}$

(5) $(-3)\times6-(-8)\div4$

(6) $-1+6\div(-2)\times(-3)$

TRY 2 次の計算をしなさい。

(1) 2^3

(2) $(-5)^2$

(3) -6^2

(4) $-4^2\div(-2)^2$

(5) $2\times(-3^2)+(-2)^4$

(6) $-2^3-6\times\{(-2)^2-5\}$

第 1 回　実力テスト

得点　　　/100　　Check

1　次の計算をしなさい。　【5 点× 20 問】

(1) $(+3)+(-5)$

答

(2) $(-1)+(-4)$

答

(3) $2-6$

答

(4) $(-5)-(+2)-(-10)$

答

(5) $-10-3+7$

答

(6) $(-4)^2$

答

(7) -8^2

答

(8) $(-7)\times(-2)\times5$

答

(9) $(-18)\div6\div(-3)$

答

(10) $\frac{4}{5}\div\left(-\frac{2}{7}\right)\times\frac{5}{7}$

答

(11) $(-8)\times3\div2$

答

(12) $(-2)^4\div(-4^2)$

答

(13) $12-9\div(-3)$

答

(14) $7\times(-2)-8\times(-1)$

答

(15) $(-2)\times(-5)+6\div(-1)$

答

(16) $24\div(-2)^2-(-3)^2$

答

(17) $4\times(-3-2)$

答

(18) $-10-(7-3^2)\times3$

答

(19) $(-4)\times\{10+(-2)^3\}-(-5)$

答

(20) $\left(-\frac{4}{5}\right)\times\left(-\frac{5}{8}\right)-\frac{7}{6}\div\frac{2}{3}$

答

2 式の計算①

文字の部分が同じである項を同類項といい，同類項はまとめる。

例題 3 次の計算をしなさい。

❶ $3x+2x=(3+2)x$

$=\boldsymbol{5x}$

文字でくくり
係数を計算する

❷ $3x^2+x-2x^2+4x$

$=3x^2-2x^2+x+4x$

$=(3-2)x^2+(1+4)x$

$=\boldsymbol{x^2+5x}$

同類項をまとめる

例題 4 次の計算をしなさい。

❶ $(3x+4y)-(2x-y)$

$=3x+4y-2x+y$

$=\boldsymbol{x+5y}$

かっこの前が−
↓
符号が逆になる

❷ $2(3x+1)-3(x-2)$

$=6x+2-3x+6$

$=\boldsymbol{3x+8}$

●(■+▲)
=●×■+●×▲

TRY 3 次の計算をしなさい。

(1) $2x+4x$

(2) $x-5x$

(3) $3x^2-x^2$

(4) $4x-6-2x+5$

(5) $-3x+7y-2x-9y$

(6) $2a^2-5a-a^2+a$

TRY 4 次の計算をしなさい。

(1) $(3x+1)+(2x-3)$

(2) $(2x+5y)-(x+6y)$

(3) $(5x^2-x-1)-(x^2+2x-3)$

(4) $2(3x+4)+3(x+2)$

(5) $2(2x-y)-3(x+2y)$

(6) $3(4x^2+2x+1)-2(x^2+3x)$

第 2 回　実力テスト

得点　　/100　　Check

1　次の計算をしなさい。　【10点×10問】

(1)　$5x-3+2x+4$

答 ＿＿＿＿

(2)　$-5x+6+2x-7$

答 ＿＿＿＿

(3)　$x-7y-3x-y$

答 ＿＿＿＿

(4)　$x^2-3x+4+2x^2-x-4$

答 ＿＿＿＿

(5)　$\frac{4}{5}a+\frac{2}{5}b-\frac{1}{5}a+\frac{3}{5}b$

答 ＿＿＿＿

(6)　$(5x-y)+(2x-3y)$

答 ＿＿＿＿

(7)　$(x^2-4x+3)-(4x^2-4x-3)$

答 ＿＿＿＿

(8)　$4(x+3y)-3(2x-y)$

答 ＿＿＿＿

(9)　$2(2a+3b-1)+3(a-2b-1)$

答 ＿＿＿＿

(10)　$2(3x^2-x+1)-3(x^2+2x-1)$

答 ＿＿＿＿

3 式の計算②

a^2 は，a を 2 個かけたもので，$a^2=a\times a$

わり算は，分数の形にしてかける。

例題 5 次の計算をしなさい。

❶ $\underline{2a^2}\times\underline{5a}=\underline{(2\times a\times a)}\times\underline{(5\times a)}$

$=2\times5\times a\times a\times a$

$=\boldsymbol{10a^3}$

❷ $(-2a)^2=(-2a)\times(-2a)$

$=\{(-2)\times a\}\times\{(-2)\times a\}$

$=(-2)\times(-2)\times a\times a$

$=\boldsymbol{4a^2}$

例題 6 次の計算をしなさい。

❶ $6a^2b\div3ab\times2a$

$=\overset{2}{\cancel{6}}a^2\cancel{b}\times\dfrac{1}{\cancel{3}\cancel{a}\cancel{b}}\times2\cancel{a}$　　$\div■\rightarrow\times\dfrac{1}{■}$

$=\boldsymbol{4a^2}$

❷ $-2x(3x+y)$

$=-2x\times3x+(-2x)\times y$

$=\boldsymbol{-6x^2-2xy}$

TRY 5 次の計算をしなさい。

(1) $x\times6x$

(2) $4x^2\times3x^3$

(3) $12x^2\div(-4x)$

(4) $(3x)^2$

(5) $(2x^2)^3$

(6) $(-2a)^2\times(-3a^2)$

TRY 6 次の計算をしなさい。

(1) $2x\times3xy\times y^2$

(2) $3a\div2a\times4a^2$

(3) $12a^2b\div2a\div(-3ab)$

(4) $3x(2x-5y)$

(5) $-2xy(x-3y)$

(6) $(9x^3-6x^2+3x)\div3x$

第 3 回　実力テスト

得点　　/100

Check

1　次の計算をしなさい。　【10点×10問】

(1)　$4xy\times2y$

答 ＿＿＿＿

(2)　$12x^3y\div(-3xy)$

答 ＿＿＿＿

(3)　$4a^2b\div a^2$

答 ＿＿＿＿

(4)　$(3x^3)^2$

答 ＿＿＿＿

(5)　$(-5xy)^2$

答 ＿＿＿＿

(6)　$3a\times2ab\times(-b^2)$

答 ＿＿＿＿

(7)　$(-6a^2)\div3ab\times(-2b)$

答 ＿＿＿＿

(8)　$6a^3b^3\div a^2b\div2b^2$

答 ＿＿＿＿

(9)　$-2ab(-3a-4b+1)$

答 ＿＿＿＿

(10)　$(8x^3-6x^2+2x)\div2x$

答 ＿＿＿＿

4 式の展開

$(a+b)(c+d)=ac+ad+bc+bd$

$(x+a)(x+b)=x^2+(a+b)x+ab$

例題 7 次の式を展開しなさい。

❶ $(x+1)(y+2)$

$=x\times y+x\times 2+1\times y+1\times 2$

$=\boldsymbol{xy+2x+y+2}$

❷ $(x+2)(x+5)$

$=x^2+(2+5)x+2\times 5$

$=\boldsymbol{x^2+7x+10}$

TRY 7 次の式を展開しなさい。

(1) $(x+2)(y-3)$

(2) $(2x+3)(3y-1)$

(3) $(x+1)(x+5)$

(4) $(x-2)(x-3)$

(5) $(x-1)(x+5)$

(6) $(x+2)(x-7)$

$(a+b)^2=a^2+2ab+b^2$　$(a-b)^2=a^2-2ab+b^2$

$(a+b)(a-b)=a^2-b^2$

例題 8 次の式を展開しなさい。

❶ $(x+3)^2$

$=x^2+2\times x\times 3+3^2$

$=\boldsymbol{x^2+6x+9}$

❷ $(2x+3)(2x-3)$

$=(2x)^2-3^2$

$=\boldsymbol{4x^2-9}$

TRY 8 次の式を展開しなさい。

(1) $(x+1)^2$

(2) $(x-5)^2$

(3) $(3x+y)^2$

(4) $(x+3)(x-3)$

(5) $(x-5)(x+5)$

(6) $(3x+2y)(3x-2y)$

第 4 回　実力テスト

得点　　/100

Check

1　次の式を展開しなさい。　【10 点× 10 問】

(1)　$(a+b)(x+y)$

答 ______

(2)　$(x+1)(x+3)$

答 ______

(3)　$(x-3)(x-4)$

答 ______

(4)　$(x-4)(x+5)$

答 ______

(5)　$(a+2)(a-5)$

答 ______

(6)　$(x+4)^2$

答 ______

(7)　$(a-2)^2$

答 ______

(8)　$(2x+3y)^2$

答 ______

(9)　$(x+4)(x-4)$

答 ______

(10)　$(5x-3y)(5x+3y)$

答 ______

5 因数分解①

$a^2-b^2=(a+b)(a-b)$

$a^2+2ab+b^2=(a+b)^2$　$a^2-2ab+b^2=(a-b)^2$

例題 9 次の式を因数分解しなさい。

❶ $9x^2-1$

$=(3x)^2-1^2$

$=\mathbf{(3x+1)(3x-1)}$

❷ $x^2+8x+16$

$=x^2+2\times x\times 4+4^2$

$=\mathbf{(x+4)^2}$

TRY 9 次の式を因数分解しなさい。

(1) x^2-1

(2) $4x^2-9$

(3) $9x^2-y^2$

(4) x^2+6x+9

(5) x^2-4x+4

(6) $9x^2-12xy+4y^2$

$x^2+(a+b)x+ab=(x+a)(x+b)$

$x^2+(a+b)xy+aby^2=(x+ay)(x+by)$

例題 10 次の式を因数分解しなさい。

❶ x^2+5x+6

$=x^2+(2+3)x+2\times 3$

$=\mathbf{(x+2)(x+3)}$

❷ $x^2+3x-10$

$=x^2+\{5+(-2)\}x+5\times(-2)$

$=\mathbf{(x+5)(x-2)}$

TRY 10 次の式を因数分解しなさい。

(1) x^2+6x+8

(2) x^2-5x+4

(3) x^2+3x-4

(4) x^2-2x-8

(5) $x^2+5xy+6y^2$

(6) $x^2-xy-2y^2$

第 5 回　実力テスト

得点　　/100

Check

1 次の式を因数分解しなさい。　【10点× 10問】

（1）$4x^2-1$

答

（2）$9a^2-25b^2$

答

（3）x^2-6x+9

答

（4）$4x^2+12x+9$

答

（5）$x^2+7x+12$

答

（6）a^2-6a+5

答

（7）a^2+2a-8

答

（8）x^2-x-6

答

（9）$x^2+8xy+15y^2$

答

（10）$a^2+ab-20b^2$

答

6 因数分解②

同じ数や文字の部分(共通な因数)を見つけてまとめる。さらに因数分解できるものは因数分解する。

例題 11 次の式を因数分解しなさい。

❶ $6ax-8ay$

$=2a\times 3x-2a\times 4y$

$=\mathbf{2a(3x-4y)}$

$6ax=2a\times 3x$
$-8ay=2a\times(-4y)$

❷ x^2y+xy^2

$=xy\times x+xy\times y$

$=\mathbf{xy(x+y)}$

例題 12 次の式を因数分解しなさい。

❶ ax^2-ay^2

$=a(x^2-y^2)$

$=\mathbf{a(x+y)(x-y)}$

x^2-y^2 は
さらに因数分解する

❷ $3x^2+12x+9$

$=3(x^2+4x+3)$

$=\mathbf{3(x+1)(x+3)}$

$3x^2=3\times x^2$
$12x=3\times 4x$
$9=3\times 3$

TRY 11 次の式を因数分解しなさい。

(1) $xy-xz$

(2) $a+ab$

(3) x^2-x

(4) $9x^2-6x$

(5) $6a^2b+8ab^2$

(6) $4x^2-6xy+2x$

TRY 12 次の式を因数分解しなさい。

(1) $2x^2-2y^2$

(2) ax^2-4a

(3) a^2x-x

(4) $5x^2+10x+5$

(5) $2x^2-4x-16$

(6) $x^2y+xy-12y$

第 6 回　実力テスト

得点　　/100　　Check

1 次の式を因数分解しなさい。　【10点× 10問】

(1) $am-an$

答

(2) a^2+a

答

(3) $2x^2+6x$

答

(4) $6x^2y-4xy^2$

答

(5) $3x^2-9xy-6xz$

答

(6) $3x^2-3y^2$

答

(7) ax^2-9a

答

(8) xy^2-x

答

(9) $2x^2+10x+8$

答

(10) $2ax^2-6ax+4a$

答

7 平方根の計算①

$a>0$ のとき，$\sqrt{a^2}=a$ なので　$\sqrt{4}=2$，$\sqrt{9}=3$，$\sqrt{16}=4$，$\sqrt{25}=5$，$\sqrt{36}=6$，…

例題 13 ❶，❷は$\sqrt{\ }$の中を，できるだけ簡単な数にしなさい。
❸，❹は計算をしなさい。

❶ $\sqrt{9}=\mathbf{3}$　$\sqrt{a^2}=a$　$(a>0)$

❷ $\sqrt{12}=\sqrt{4}\times\sqrt{3}$
$=2\times\sqrt{3}=\mathbf{2\sqrt{3}}$　$2\times\sqrt{3}$ の ×は省略する

❸ $\sqrt{3}\times\sqrt{5}=\sqrt{3\times5}$
$=\mathbf{\sqrt{15}}$　$\sqrt{●}\times\sqrt{▲}=\sqrt{●\times▲}$

❹ $\sqrt{8}\div\sqrt{2}=\dfrac{\sqrt{8}}{\sqrt{2}}=\sqrt{\dfrac{8}{2}}$　$\dfrac{\sqrt{▲}}{\sqrt{●}}=\sqrt{\dfrac{▲}{●}}$
$=\sqrt{4}=\mathbf{2}$

例題 14 ❶は計算をしなさい。❷は分母に$\sqrt{\ }$を含まない形で表しなさい。

❶ $\sqrt{2}\times\sqrt{6}\times\sqrt{3}=\sqrt{2\times6\times3}$
$=\sqrt{36}$
$=\mathbf{6}$

❷ $\dfrac{6}{\sqrt{2}}=\dfrac{6\times\sqrt{2}}{\sqrt{2}\times\sqrt{2}}$　分母と分子に $\sqrt{2}$ をかける
$=\dfrac{6\sqrt{2}}{2}$　約分する
$=\mathbf{3\sqrt{2}}$

TRY 13 次の問いに答えなさい。

(1) 次の数を$\sqrt{\ }$を使わずに表しなさい。

① $\sqrt{4}$

② $\sqrt{16}$

(2) 次の数の$\sqrt{\ }$の中を，できるだけ簡単な数にしなさい。

① $\sqrt{8}$

② $\sqrt{18}$

③ $\sqrt{20}$

④ $\sqrt{75}$

(3) 次の計算をしなさい。

① $\sqrt{2}\times\sqrt{5}$

② $\sqrt{6}\div\sqrt{2}$

TRY 14 (1)～(4)の計算をしなさい。
また，(5)の問いに答えなさい。

(1) $\sqrt{2}\times\sqrt{8}$

(2) $\sqrt{2}\times\sqrt{6}$

(3) $\sqrt{2}\times\sqrt{5}\times\sqrt{6}$

(4) $\sqrt{12}\div\sqrt{2}\times\sqrt{3}$

(5) 次の数を，分母に$\sqrt{\ }$を含まない形で表しなさい。

① $\dfrac{\sqrt{2}}{\sqrt{3}}$

② $\dfrac{8}{\sqrt{2}}$

第 7 回　実力テスト

得点　　　/100

Check

1 次の数を$\sqrt{\ }$を使わずに表しなさい。
【10点×2問】

(1) $\sqrt{25}$

答

(2) $\sqrt{(-3)^2}$

答

2 次の数の$\sqrt{\ }$の中を，できるだけ簡単な数にしなさい。　【10点×3問】

(1) $\sqrt{24}$

答

(2) $\sqrt{50}$

答

(3) $\sqrt{200}$

答

3 次の計算をしなさい。【10点×3問】

(1) $\sqrt{3}\times\sqrt{6}$

答

(2) $\sqrt{2}\times(-\sqrt{5})\times\sqrt{10}$

答

(3) $\sqrt{18}\div(-\sqrt{3})\times(-\sqrt{2})$

答

4 次の数を，分母に$\sqrt{\ }$を含まない形で表しなさい。　【10点×2問】

(1) $\dfrac{1}{\sqrt{3}}$

答

(2) $\dfrac{10}{\sqrt{5}}$

答

8 平方根の計算②

$\sqrt{a}$ が同じものはまとめる。$(a>0)$

例題 15 次の計算をしなさい。

❶ $\underbrace{4\sqrt{3}}_{\sqrt{3}\text{が}4\text{つ}}-\underbrace{\sqrt{3}}_{\sqrt{3}\text{が}1\text{つ}}=\underbrace{(4-1)\sqrt{3}}_{4\text{つから}1\text{つをひいて}}$

$=\underbrace{\mathbf{3\sqrt{3}}}_{\sqrt{3}\text{が}3\text{つ}}$

❷ $\sqrt{8}+\sqrt{2}=2\sqrt{2}+\sqrt{2}$

$=(2+1)\sqrt{2}$

$=\mathbf{3\sqrt{2}}$

TRY 15 次の計算をしなさい。

(1) $2\sqrt{3}+3\sqrt{3}$

(2) $3\sqrt{7}-2\sqrt{7}$

(3) $\sqrt{2}+\sqrt{3}+5\sqrt{2}-2\sqrt{3}$

(4) $\sqrt{12}+\sqrt{3}$

(5) $\sqrt{50}-\sqrt{18}$

(6) $\sqrt{2}+\sqrt{4}+\sqrt{8}+\sqrt{16}$

例題 16 次の計算をしなさい。

$(\sqrt{3}+\sqrt{2})^2$

$=(\sqrt{3})^2+2\times\sqrt{3}\times\sqrt{2}+(\sqrt{2})^2$ ← $(a+b)^2=a^2+2ab+b^2$

$=3+2\sqrt{6}+2$

$=\mathbf{5+2\sqrt{6}}$

TRY 16 次の計算をしなさい。

(1) $(\sqrt{5}+\sqrt{2})^2$

(2) $(\sqrt{3}-1)^2$

(3) $(\sqrt{3}+\sqrt{2})(\sqrt{3}-\sqrt{2})$

(4) $(\sqrt{5}+2)(\sqrt{5}-2)$

(5) $(\sqrt{5}+1)(\sqrt{5}+2)$

(6) $(\sqrt{2}+2)(\sqrt{2}-1)$

第 8 回 実力テスト

得点 /100

Check

1 次の計算をしなさい。【10点× 5 問】

(1) $3\sqrt{2}+\sqrt{2}$

答

(2) $\sqrt{12}-\sqrt{3}$

答

(3) $\sqrt{8}-\sqrt{32}+\sqrt{2}$

答

(4) $\sqrt{5}+\sqrt{2}+\sqrt{20}-\sqrt{18}$

答

(5) $\sqrt{12}-\sqrt{5}+\sqrt{45}-\sqrt{48}$

答

2 次の計算をしなさい。【10点× 5 問】

(1) $(\sqrt{5}+\sqrt{3})^2$

答

(2) $(\sqrt{5}-2)^2$

答

(3) $(\sqrt{3}+1)(\sqrt{3}-1)$

答

(4) $(2+\sqrt{3})(2-\sqrt{3})$

答

(5) $(\sqrt{3}+3)(\sqrt{3}-1)$

答

9　1 次方程式

$ax=b$ の形のときは，両辺を x の係数でわる。

例題 17 次の 1 次方程式を解きなさい。

❶ $2x=10$

$x=\dfrac{10}{2}$ （両辺を 2 でわる）

$\boldsymbol{x=5}$

❷ $5x-7=8$

$5x=8+7$ （-7 を右辺に移項する（符号がかわる））

$5x=15$

$x=\dfrac{15}{5}$ （両辺を 5 でわる）

$\boldsymbol{x=3}$

例題 18 次の 1 次方程式を解きなさい。

❶ $3x-1=5x+7$

$3x-5x=7+1$ （x の項を左辺に，定数項を右辺にそれぞれ移項する（符号がかわる））

$-2x=8$

$\boldsymbol{x=-4}$ （両辺を -2 でわる）

❷ $3(x-2)=5$

$3x-6=5$ （かっこをはずす）

$3x=5+6$ （-6 を右辺に移項する（符号がかわる））

$3x=11$

$\boldsymbol{x=\dfrac{11}{3}}$ （両辺を 3 でわる）

TRY 17 次の 1 次方程式を解きなさい。

(1) $2x=8$

(2) $-3x=21$

(3) $2x-1=9$

(4) $-3x-5=10$

TRY 18 次の 1 次方程式を解きなさい。

(1) $4x+2=x+8$

(2) $5x-3=3x+9$

(3) $2(x-1)=3x+4$

(4) $5(x+3)=2(x-2)$

第 9 回 実力テスト

Check

得点 /100

1 次の 1 次方程式を解きなさい。

【10 点× 5 問】

(1) $-3x=9$

答

(2) $2x-3=5$

答

(3) $-5x-3=7$

答

(4) $1=4-3x$

答

(5) $-4x-8=x$

答

2 次の 1 次方程式を解きなさい。

【10 点× 5 問】

(1) $3x-2=x+6$

答

(2) $5x-3=2x-9$

答

(3) $3(x+2)=4x-3$

答

(4) $5x=3(2x-1)$

答

(5) $2(x-3)=3(2x+1)$

答

10 連立方程式

連立方程式の解き方には，代入法と加減法がある。

例題 19 次の連立方程式を解きなさい。

$$\begin{cases} x+y=5 & \cdots① \\ y=\underline{2x-1} & \cdots② \end{cases}$$

解　②を①に代入する。

$$x+(\underline{2x-1})=5$$
$$3x-1=5$$
$$3x=5+1$$
$$3x=6$$
$$x=2 \quad \cdots③$$

③を②に代入する。 ←①に代入してもよい

$$y=2\times 2-1$$
$$y=4-1$$
$$y=3$$

答　$x=2$，$y=3$

TRY 19 次の連立方程式を解きなさい。

(1) $\begin{cases} x+y=4 \\ y=x-2 \end{cases}$

(2) $\begin{cases} 2x+y=3 \\ y=2x-5 \end{cases}$

例題 20 次の連立方程式を解きなさい。

$$\begin{cases} x+y=3 & \cdots① \\ x-y=1 & \cdots② \end{cases}$$

解　①と②をたして，y を消去する。
①から②をひいて，x を消去してもよい

①＋②

$$\begin{array}{rr} & x+y=3 \\ +) & x-y=1 \\ \hline & 2x\quad\ =4 \end{array}$$

$$x=2 \quad \cdots③$$

③を①に代入する。 ←②に代入してもよい

$$2+y=3$$
$$y=3-2$$
$$y=1$$

答　$x=2$，$y=1$

TRY 20 次の連立方程式を解きなさい。

(1) $\begin{cases} x+y=5 \\ x-y=1 \end{cases}$

(2) $\begin{cases} 2x+y=7 \\ x+y=1 \end{cases}$

第10回 実力テスト

得点　　　/100

Check

1 次の連立方程式を解きなさい。

【20点×3問】

(1) $\begin{cases} 2x+y=4 \\ y=x+1 \end{cases}$

答 ＿＿＿＿＿＿＿＿

(2) $\begin{cases} 3x+y=7 \\ y=x-1 \end{cases}$

答 ＿＿＿＿＿＿＿＿

(3) $\begin{cases} x+2y=7 \\ y=2x+1 \end{cases}$

答 ＿＿＿＿＿＿＿＿

2 次の連立方程式を解きなさい。

【20点×2問】

(1) $\begin{cases} x+y=3 \\ 2x+y=1 \end{cases}$

答 ＿＿＿＿＿＿＿＿

(2) $\begin{cases} 3x+2y=13 \\ x+y=5 \end{cases}$

答 ＿＿＿＿＿＿＿＿

11 2次方程式

$x^2=a$ を解くと $x=\pm\sqrt{a}$ $(a>0)$，$(x+a)(x+b)=0$ を解くと $x+a=0$，$x+b=0$　よって $x=-a$，$x=-b$

例題21 次の2次方程式を解きなさい。

❶ $2x^2-12=0$
　（-12 を右辺に移項する）
$2x^2=12$
　（両辺を 2 でわる）
$x^2=6$
　（両辺の平方根を求める（左辺：2乗をとる　右辺：$\pm\sqrt{\ }$ をつける））
$\boldsymbol{x=\pm\sqrt{6}}$

❷ $x^2+5x+6=0$
　（因数分解する）
$(x+2)(x+3)=0$
　（$x+2$ と $x+3$ のどちらかが0）
$x+2=0$，$x+3=0$
$\boldsymbol{x=-2}$，$\boldsymbol{x=-3}$

$AB=0$ のとき，$A=0$ または $B=0$

TRY21 次の2次方程式を解きなさい。

(1) $3x^2=6$

(2) $5x^2-10=0$

(3) $(x-1)(x+3)=0$

(4) $x^2+3x+2=0$

(5) $x^2+7x+12=0$

例題22 次の2次方程式を解の公式を用いて解きなさい。

$3x^2-7x+1=0$

解　解の公式より

$$x=\frac{-(-7)\pm\sqrt{(-7)^2-4\times3\times1}}{2\times3}$$
$$=\frac{7\pm\sqrt{49-12}}{6}$$
$$=\boldsymbol{\frac{7\pm\sqrt{37}}{6}}$$

解の公式
2次方程式 $ax^2+bx+c=0$ の解は
$$\boldsymbol{x=\frac{-b\pm\sqrt{b^2-4ac}}{2a}}$$

TRY22 次の2次方程式を解の公式を用いて解きなさい。

(1) $x^2+5x+3=0$

(2) $x^2-7x+5=0$

(3) $2x^2+5x-1=0$

(4) $3x^2-x-1=0$

第11回 実力テスト

得点　　　/100

Check

1 次の2次方程式を解きなさい。

【8点×5問】

(1) $2x^2-8=0$

答

(2) $3x^2-15=0$

答

(3) $x(x+4)=0$

答

(4) $x^2-x-2=0$

答

(5) $x^2+15x+54=0$

答

2 次の2次方程式を解の公式を用いて解きなさい。

【15点×4問】

(1) $x^2+3x+1=0$

答

(2) $2x^2+5x-2=0$

答

(3) $3x^2-7x+3=0$

答

(4) $5x^2-3x-4=0$

答

12 1 次関数

1 次関数 $y=ax+b$ のグラフは，傾きが a，切片が b の直線で表される。

例題23 1 次関数 $y=2x+1$ について，次の問いに答えなさい。

❶ $x=0$ のときの y の値を求めなさい。

解 $y=2x+1$ に，$x=\underline{0}$ を代入する。

$y=2\times\underline{0}+1=\mathbf{1}$

❷ $x=1$ のときの y の値を求めなさい。

解 $y=2x+1$ に，$x=\underline{1}$ を代入する。

$y=2\times\underline{1}+1=2+1=\mathbf{3}$

❸ ❶の x と y の値を座標とする点と，❷の x と y の値を座標とする点を結び，グラフをかきなさい。

解

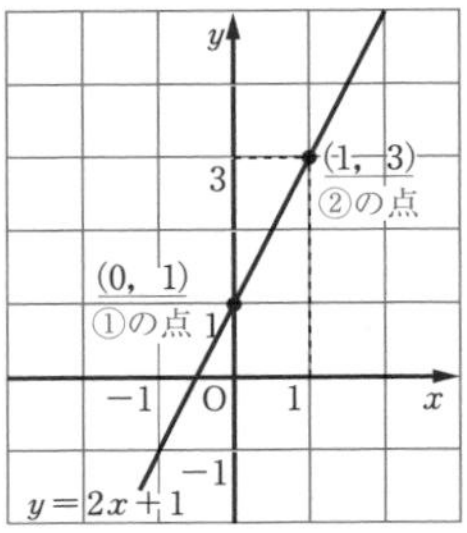

座標軸の x，y と原点Oを忘れずにかく

例題24 1 次関数 $y=-2x+3$ について，次の問いに答えなさい。

❶ この関数のグラフの傾きと切片を求めなさい。

解 $y=\underset{\sim\sim}{-2}x+③$ の傾きは $\underset{\sim\sim}{-2}$ であり，切片は ③ である。

❷ この関数のグラフをかきなさい。

解

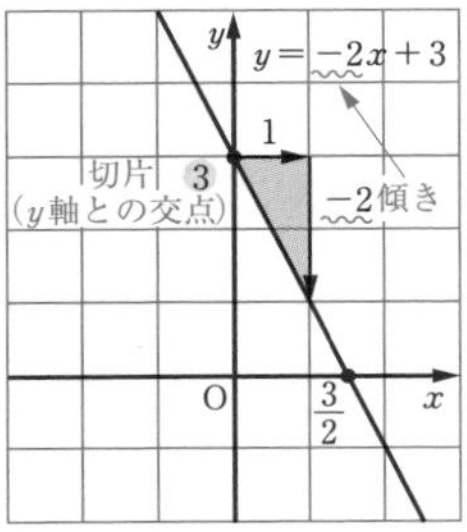

TRY 23 1 次関数 $y=-x+2$ について，次の問いに答えなさい。

(1) $x=0$ のときの y の値を求めなさい。

(2) $x=1$ のときの y の値を求めなさい。

(3) (1)の x と y の値を座標とする点と，(2)の x と y の値を座標とする点を結び，グラフをかきなさい。

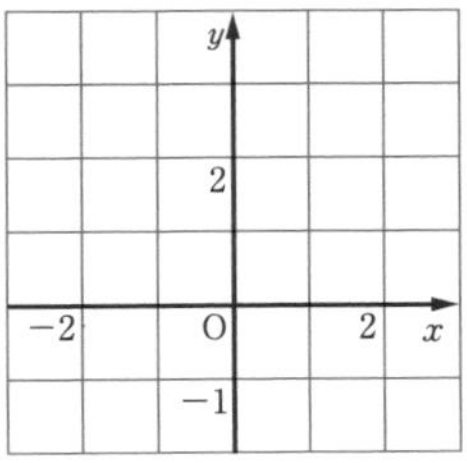

TRY 24 次の 1 次関数のグラフの傾きと切片を求め，グラフをかきなさい。

(1) $y=2x-1$

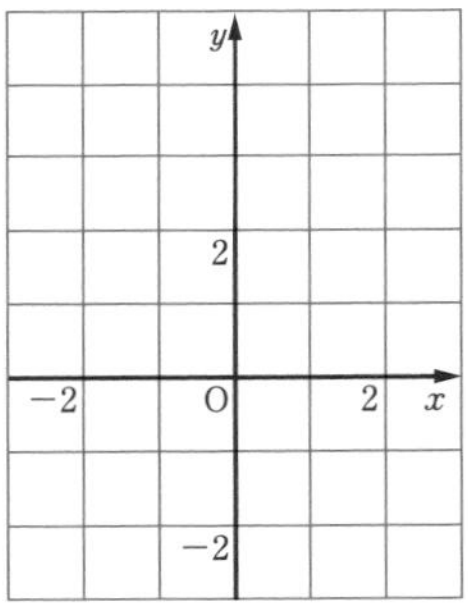

(2) $y=-2x+4$

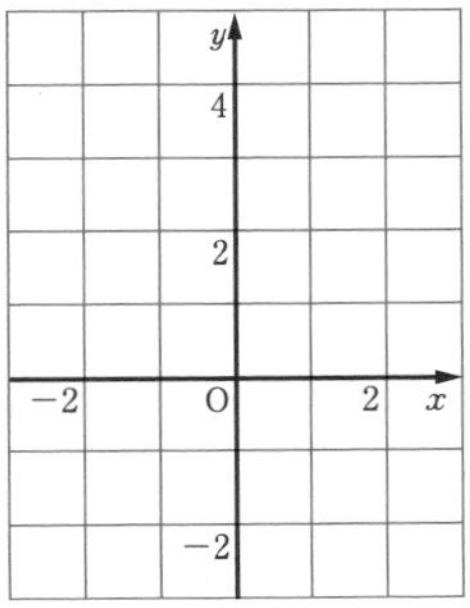

第12回　実力テスト

得点　　　/100

Check

1　1次関数 $y=x+2$ について，次の問いに答えなさい。【(1)，(2)各5点，(3)10点】

(1)　$x=0$ のときの y の値を求めなさい。

答 ＿＿＿＿＿＿

(2)　$x=1$ のときの y の値を求めなさい。

答 ＿＿＿＿＿＿

(3)　(1)の x と y の値を座標とする点と，(2)の x と y の値を座標とする点を結び，グラフをかきなさい。

答

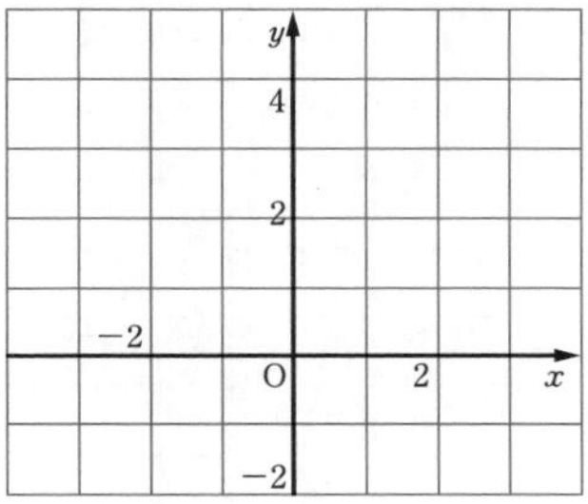

2　方程式 $2x+y=3$ について，次の問いに答えなさい。【(1)，(2)各4点，(3)12点】

(1)　$x=0$ のときの y の値を求めなさい。

答 ＿＿＿＿＿＿

(2)　$x=1$ のときの y の値を求めなさい。

答 ＿＿＿＿＿＿

(3)　(1)の x と y の値を座標とする点と，(2)の x と y の値を座標とする点を結び，グラフをかきなさい。

答

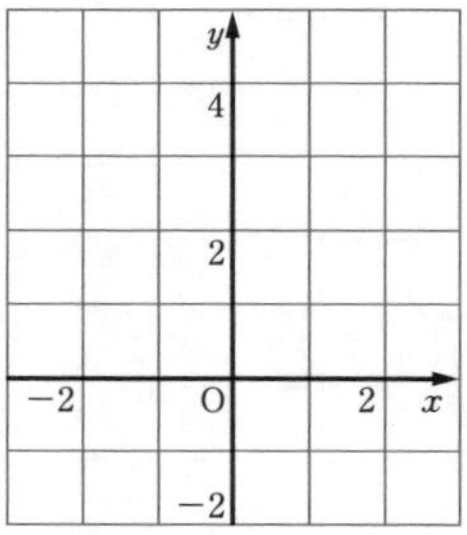

3　次の1次関数や方程式が表すグラフの傾きと切片を求め，グラフをかきなさい。

【傾き，切片各5点，グラフ10点×3問】

(1)　$y=-3x+2$

答　傾き

切片 ＿＿＿＿＿＿

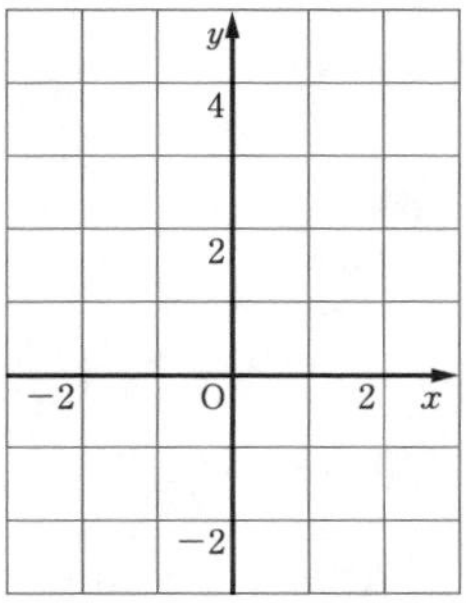

(2)　$y=\frac{1}{2}x+3$

答　傾き

切片 ＿＿＿＿＿＿

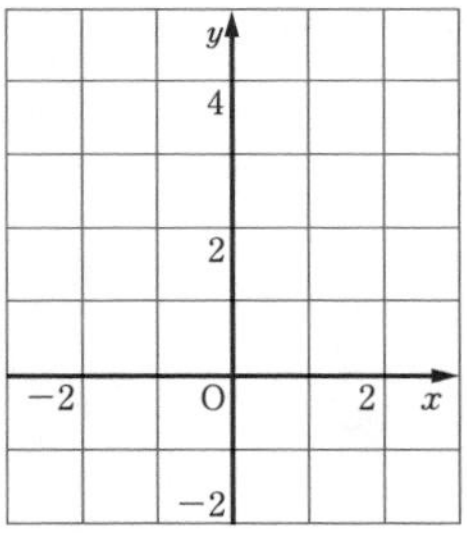

(3)　$3x+2y-2=0$

答　傾き

切片 ＿＿＿＿＿＿

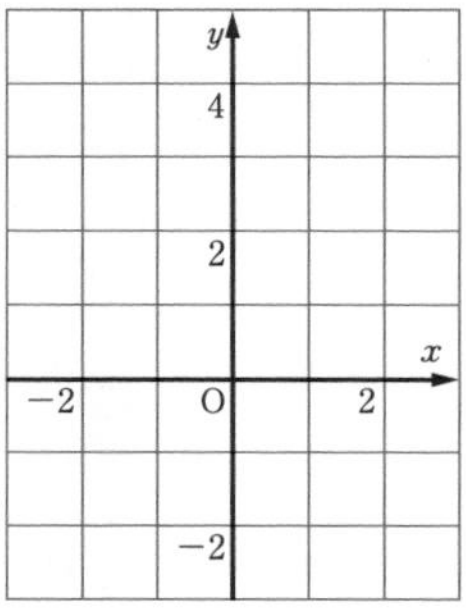

13 関数 $y=ax^2$

関数 $y=ax^2$ のグラフは，頂点が原点の放物線で表される。

例題25 関数 $y=2x^2$ について，次の x の値に対する y の値を求めなさい。

❶ $x=1$

解 $y=2x^2$ に，$x=\underline{1}$ を代入する。
$\boldsymbol{y}=2\times\underline{1}^2=2\times1=\mathbf{2}$

❷ $x=2$

解 $y=2x^2$ に，$x=\underline{2}$ を代入する。
$\boldsymbol{y}=2\times\underline{2}^2=2\times4=\mathbf{8}$

❸ $x=-2$

解 $y=2x^2$ に，$x=\underline{-2}$ を代入する。
$\boldsymbol{y}=2\times(\underline{-2})^2=2\times4=\mathbf{8}$

❹ $x=\frac{1}{2}$

解 $y=2x^2$ に，$x=\underline{\frac{1}{2}}$ を代入する。
$\boldsymbol{y}=2\times\left(\underline{\frac{1}{2}}\right)^2=2\times\frac{1}{4}=\mathbf{\frac{1}{2}}$

TRY 25 関数 $y=x^2$ について，次の x の値に対する y の値を求めなさい。

(1) $x=1$

(2) $x=2$

(3) $x=-2$

(4) $x=\frac{1}{2}$

例題26 関数 $y=2x^2$ について，次の問いに答えなさい。

❶ x の値に対する y の値を対応表にまとめなさい。

解

x	-2	-1	$-\frac{1}{2}$	0	$\frac{1}{2}$	1	2
y	$\mathbf{8}$	$\mathbf{2}$	$\mathbf{\frac{1}{2}}$	$\mathbf{0}$	$\mathbf{\frac{1}{2}}$	$\mathbf{2}$	$\mathbf{8}$

y は減る　頂点　y は増える

❷ この関数のグラフをかきなさい。

解

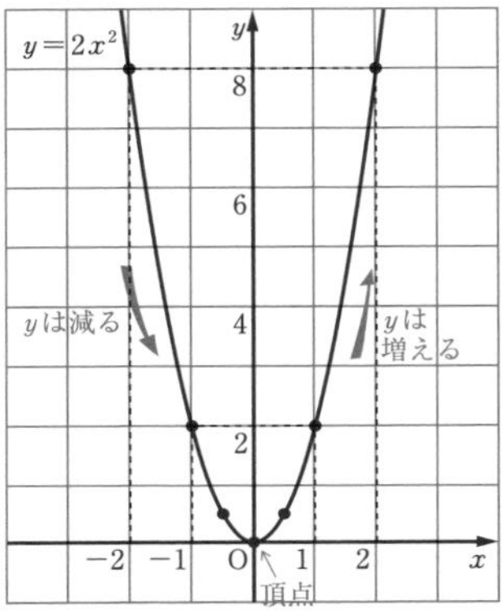

TRY 26 関数 $y=x^2$ について，次の問いに答えなさい。

(1) x の値に対する y の値を対応表にまとめなさい。

x	-3	-2	-1	0	1	2	3
y							

(2) この関数のグラフをかきなさい。

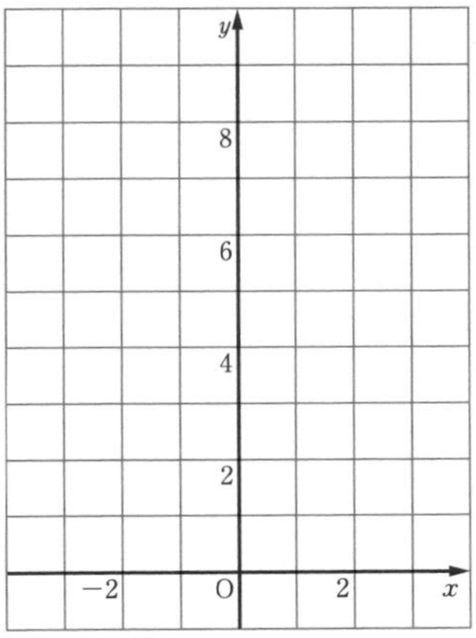

第13回　実力テスト

得点　　/100

Check

1　次の関数の対応表を完成させ，グラフをかきなさい。

【対応表 10 点，グラフ 20 点× 3 問】

(1)　$y=-x^2$

答

x	-3	-2	-1	$-\frac{1}{2}$	0	$\frac{1}{2}$	1	2	3
y									

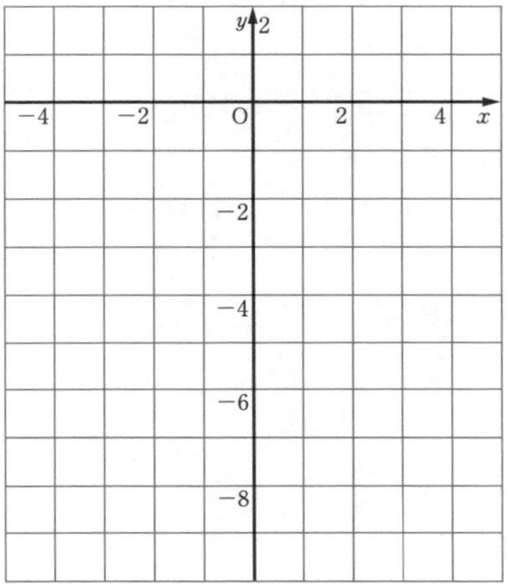

(2)　$y=-2x^2$

答

x	-2	-1	$-\frac{1}{2}$	0	$\frac{1}{2}$	1	2
y							

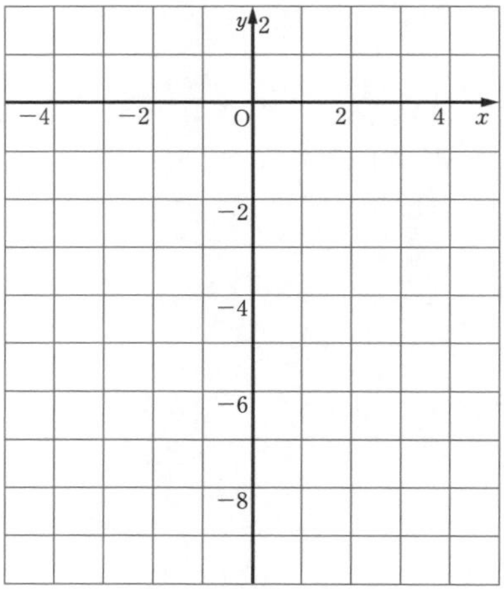

(3)　$y=\frac{1}{2}x^2$

答

x	-3	-2	-1	$-\frac{1}{2}$	0	$\frac{1}{2}$	1	2	3
y									

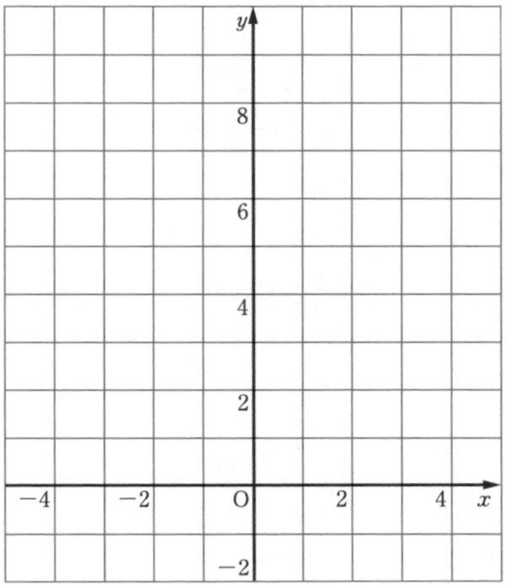

2　次の問いに答えなさい。【5 点× 2 問】

(1)　関数 $y=ax^2$ において，$x=2$ のとき，$y=8$ であった。このときの a の値を求めなさい。

答

(2)　関数 $y=\frac{1}{2}x^2$ において，$y=8$ のときの x の値を求めなさい。

答

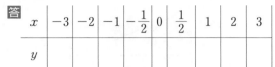

14 三平方の定理

「三平方の定理」 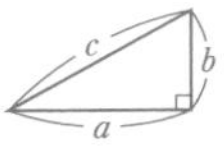

$a^2+b^2=c^2$ が成り立つ。

例題27 次の図で，x の値を求めなさい。

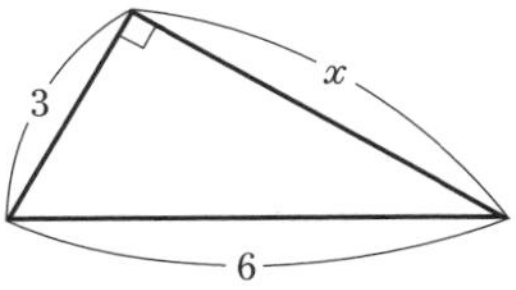

解　三平方の定理より

$6^2=3^2+x^2$

$36=9+x^2$

$x^2=36-9=27$

$x>0$ より

$x=\sqrt{27}$

$=\sqrt{3^2\times3}=\mathbf{3\sqrt{3}}$

例題28 次の円 O で，x の値を求めなさい。ただし，AP は円 O の接線とする。

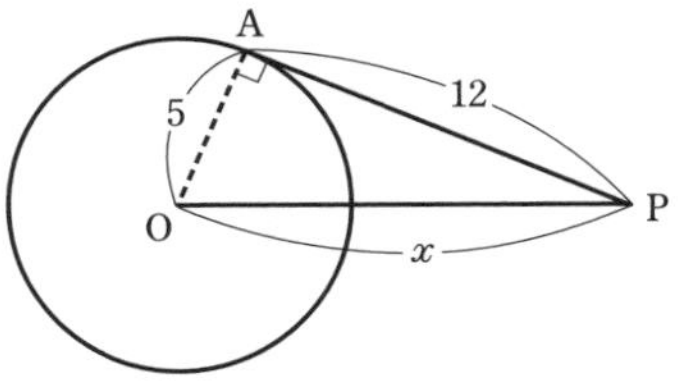

解　△OAP で，三平方の定理より

$x^2=5^2+12^2$

$=25+144=169$

$x>0$ より

$x=\sqrt{169}=\sqrt{13^2}=\mathbf{13}$

TRY 27 次の図で，x の値を求めなさい。

(1)

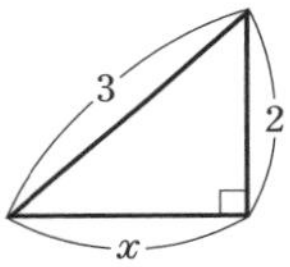

(2)

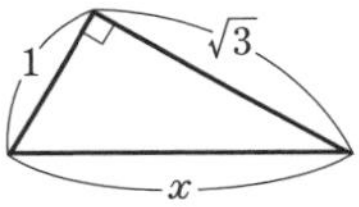

(3)

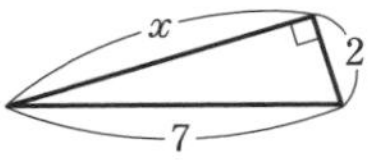

TRY 28 次の図で，x の値を求めなさい。

(1) 正方形 ABCD

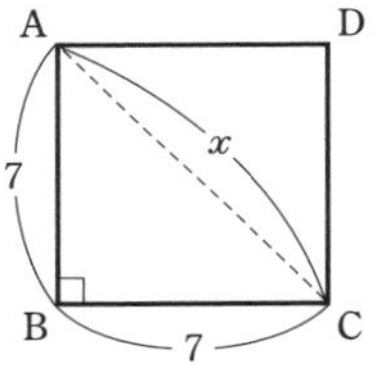

(2) 正三角形 ABC

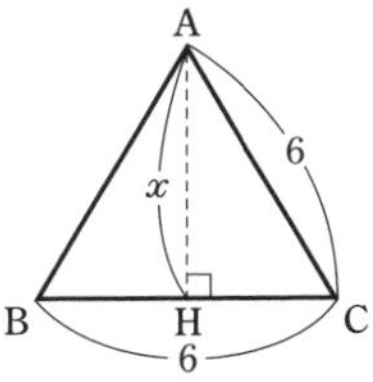

(3) 台形 ABCD

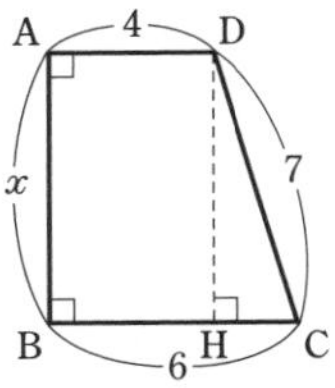

第14回　実力テスト

得点　　　　/100

Check

1　次の図で，x の値を求めなさい。

【10点×5問】

（1）

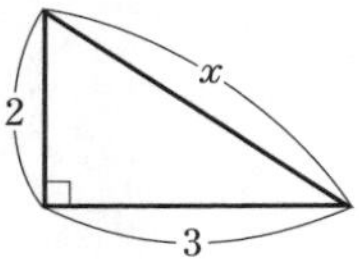

答

（2）

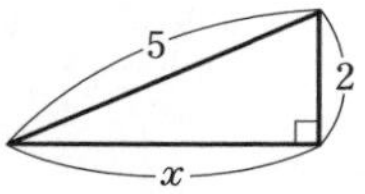

答

（3）

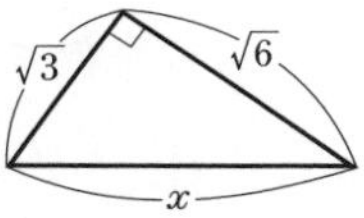

答

（4）

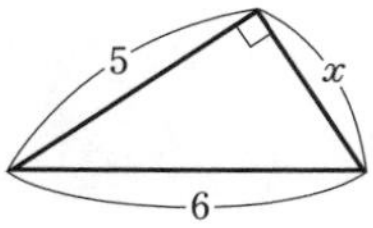

答

（5）

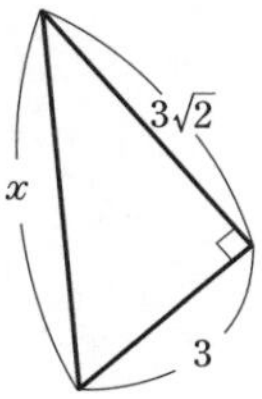

答

2　次の図で，x の値を求めなさい。

【10点×5問】

（1）正方形 ABCD

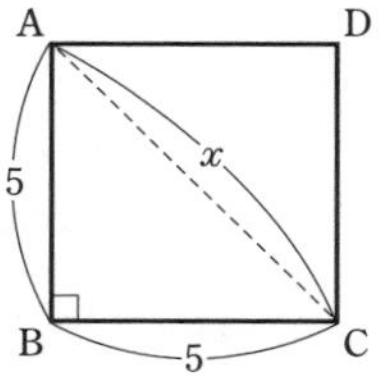

答

（2）正三角形 ABC

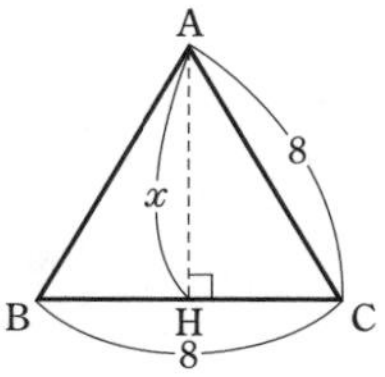

答

（3）AP は円 O の接線

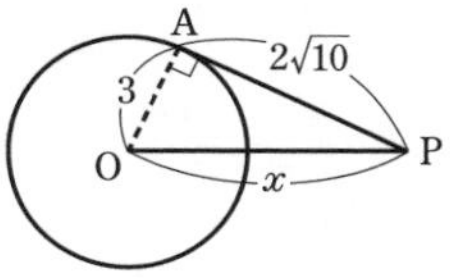

答

（4）AB は円 O の弦

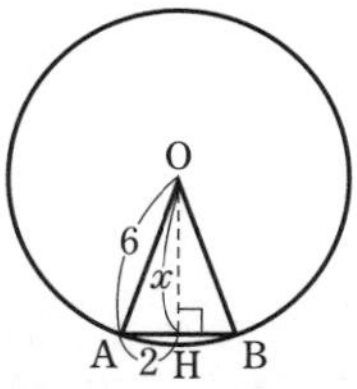

答

（5）台形 ABCD

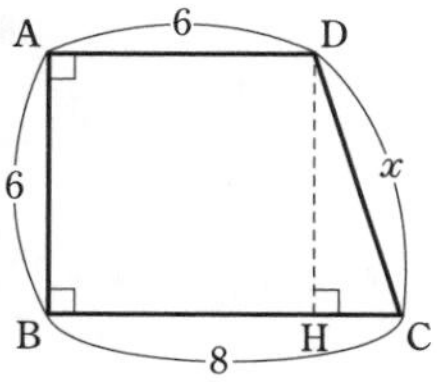

答

カウントダウン数学　ベーシック

●編　者　実教出版編修部

●発行者　小田良次

●印刷所　株式会社太洋社

●発行所　実教出版株式会社

〒102-8377
東京都千代田区五番町 5
電話〈営業〉(03) 3238-7777
〈編修〉(03) 3238-7785
〈総務〉(03) 3238-7700
https://www.jikkyo.co.jp/

002402022　ISBN 978-4-407-35211-5

カウントダウン数学
ベーシック

解答編

実教出版

WARMING UP ウォーミングアップ

Check

1 次の計算をしなさい。

(1) $5+2=7$

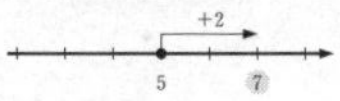

(2) $5-2=3$

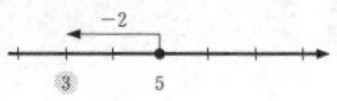

(3) $(-5)+2=-5+2$
$=-3$

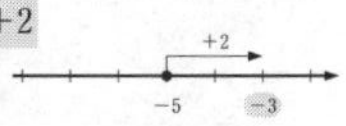

(4) $(-5)-2=-5-2$
$=-7$

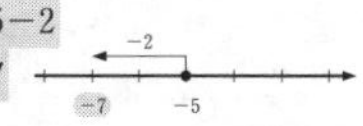

(5) $5+(-2)=5-2$
$=3$
$+(-●)=-●$

(6) $5-(-2)=5+2$
$=7$
$-(-●)=+●$

(7) $(-5)+(-2)=-5-2$
$=-7$

(8) $(-5)-(-2)=-5+2$
$=-3$

(9) $5\times4=20$　$(+)\times(+)\to(+)$

(10) $20\div5=4$　$(+)\div(+)\to(+)$

(11) $5\times(-4)=-(5\times4)$
$=-20$
$(+)\times(-)\to(-)$
$(-)\times(+)\to(-)$

(12) $(-20)\div5=-(20\div5)$
$=-4$
$(-)\div(+)\to(-)$
$(+)\div(-)\to(-)$

(13) $(-5)\times(-4)=+(5\times4)$
$=20$
$(-)\times(-)\to(+)$

(14) $(-20)\div(-5)=+(20\div5)$
$=4$
$(-)\div(-)\to(+)$

(15) $\frac{4}{7}\times\frac{3}{5}=\frac{4\times3}{7\times5}$
$=\frac{12}{35}$
分母どうし，分子どうしをかける

(16) $\frac{4}{7}\div\frac{5}{3}=\frac{4}{7}\times\frac{3}{5}$
$=\frac{12}{35}$
逆数をかける
$\div\frac{▲}{■}\to\times\frac{■}{▲}$

(17) $-\frac{2}{3}\times\frac{1}{5}=-\frac{2\times1}{3\times5}$
$=-\frac{2}{15}$

(18) $-\frac{2}{3}\div5=-\frac{2}{3}\times\frac{1}{5}$
$=-\frac{2\times1}{3\times5}$
$=-\frac{2}{15}$
$5\longleftrightarrow\frac{1}{5}$ 逆数

(19) $\frac{7}{2}-\frac{3}{2}=\frac{7-3}{2}$
$=\frac{4}{2}$
$=2$
分母はそのまま，分子どうしを計算
約分を忘れない

(20) $\frac{5}{2}+\frac{4}{3}=\frac{5\times3}{2\times3}+\frac{4\times2}{3\times2}$
$=\frac{15}{6}+\frac{8}{6}$
$=\frac{23}{6}$
分母をそろえる(通分)
$\frac{15+8}{6}$

2 次の計算をしなさい。

(1)
$$\begin{array}{r} 1.7 \\ +)\ 4.4 \\ \hline 6.1 \end{array}$$

(2)
$$\begin{array}{r} \overset{6}{\cancel{7}}.\overset{1}{\cancel{2}}1 \\ -)\ 2.65 \\ \hline 4.56 \end{array}$$

(3)
$$\begin{array}{r} 4.3 \\ \times)\ 0.32 \\ \hline 86 \\ 129 \\ \hline 1.376 \end{array}$$
…小数点以下1桁
…小数点以下2桁
↓
1+2桁
‖
…小数点以下3桁

(4)
$$1.30\overline{)\,3.25}\ = 2.5$$
0を加える　桁をずらす
$$\begin{array}{r} 260 \\ \hline 650 \\ 650 \\ \hline 0 \end{array}$$

3 次の式を×，÷の記号を使わずに表しなさい。

(1) $x\times3$
$=3x$
×は省略し，数字(係数)は文字の前にかく

(2) $a\times(-5)$
$=-5a$

(3) $y\times7\times x$
$=7xy$
文字はアルファベット順にかく

(4) $a\times b\times b$
$=ab^2$

(5) $a\times(-1)\times a$
$=-a^2$

(6) $a\div b$
$=\frac{a}{b}$
÷は分数にする

(7) $(x+y)\div2$
$=\frac{x+y}{2}$

(8) $x\times y\div z$
$=\frac{xy}{z}$

(9) $x\div y\div z$
$=\frac{x}{yz}$

(10) $4\times a-b\times3$
$=4a-3b$

1 数の計算

計算の順序は，2乗，3乗，… ⟶ ×，÷ ⟶ ＋，－　ただし，(　)があるときは(　)を先に計算する。

例題 1 次の計算をしなさい。

❶ $4-7\times2$

$=4-14$

$=-10$

❷ $18\div2+3\times(-7)$

$=9+(-21)$

$=-12$

例題 2 次の計算をしなさい。

❶ $(-3)^2$

$=(-3)\times(-3)$　(−3)を2個かける

$=9$

❷ $2\times(-5)-4^2$

$=-10-16$　$-4^2=-(4\times4)$

$=-26$

TRY 1 次の計算をしなさい。

(1) $(-3)-(-4)-(+6)$

$=-3+4-6$

$=-5$

(2) $4-10\div2$　わり算を先に行う

$=4-5$

$=-1$

(3) $(-12)\div(-3)\times2$

$=4\times2$

$=8$

(4) $2\times\{(-3)+1\}$

$=2\times(-2)$

$=-4$

(5) $(-3)\times6-(-8)\div4$

$=-18-(-2)$

$=-18+2$

$=-16$

(6) $-1+6\div(-2)\times(-3)$

$=-1+\left(6\times\frac{1}{2}\times3\right)$

$=-1+9$

$=8$

TRY 2 次の計算をしなさい。

(1) 2^3

$=2\times2\times2$

$=8$

(2) $(-5)^2$

$=(-5)\times(-5)$

$=25$

(3) -6^2

$=-(6\times6)$

$=-36$

(4) $-4^2\div(-2)^2$

$=-16\div4$

$=-4$

(5) $2\times(-3^2)+(-2)^4$

$=2\times(-9)+16$

$=-18+16$

$=-2$

(6) $-2^3-6\times\{(-2)^2-5\}$

$=-8-6\times(4-5)$

$=-8-6\times(-1)$

$=-8+6$

$=-2$

第 1 回　実力テスト

得点　　/100　Check

1 次の計算をしなさい。　【5点×20問】

(1) $(+3)+(-5)$

$=3-5$

$=-2$

答 -2

(2) $(-1)+(-4)$

$=-1-4$

$=-5$

答 -5

(3) $2-6$

$=-4$

答 -4

(4) $(-5)-(+2)-(-10)$

$=-5-2+10$

$=3$

答 3

(5) $-10-3+7$

$=-6$

答 -6

(6) $(-4)^2$

$=(-4)\times(-4)$

$=16$

答 16

(7) -8^2

$=-(8\times8)$

$=-64$

答 -64

(8) $(-7)\times(-2)\times5$

$=+(7\times2\times5)$

$=70$

答 70

(9) $(-18)\div6\div(-3)$

$=+\left(18\times\frac{1}{6}\times\frac{1}{3}\right)$

$=1$

答 1

(10) $\frac{4}{5}\div\left(-\frac{2}{7}\right)\times\frac{5}{7}$

$=-\left(\frac{4}{5}\times\frac{7}{2}\times\frac{5}{7}\right)$

$=-2$

答 -2

(11) $(-8)\times3\div2$

$=-\left(8\times3\times\frac{1}{2}\right)$

$=-12$

答 -12

(12) $(-2)^4\div(-4^2)$

$=16\div(-16)$

$=-1$

答 -1

(13) $12-9\div(-3)$

$=12+3$

$=15$

答 15

(14) $7\times(-2)-8\times(-1)$

$=-14+8$

$=-6$

答 -6

(15) $(-2)\times(-5)+6\div(-1)$

$=10-6$

$=4$

答 4

(16) $24\div(-2)^2-(-3)^2$

$=24\div4-9$

$=6-9=-3$

答 -3

(17) $4\times(-3-2)$

$=4\times(-5)$

$=-20$

答 -20

(18) $-10-(7-3^2)\times3$

$=-10-(7-9)\times3=-10-(-2)\times3$

$=-10-(-6)=-4$

答 -4

(19) $(-4)\times\{10+(-2)^3\}-(-5)$

$=(-4)\times(10-8)+5=(-4)\times2+5$

$=-8+5=-3$

答 -3

(20) $\left(-\frac{4}{5}\right)\times\left(-\frac{5}{8}\right)-\frac{7}{6}\div\frac{2}{3}$

$=\frac{4}{5}\times\frac{5}{8}-\frac{7}{6}\times\frac{3}{2}$

$=\frac{1}{2}-\frac{7}{4}=\frac{2}{4}-\frac{7}{4}=-\frac{5}{4}$

答 $-\frac{5}{4}$

2 式の計算①

文字の部分が同じである項を同類項といい，同類項はまとめる。

例題 3 次の計算をしなさい。

❶ $3x+2x=(3+2)x$　文字でくくり係数を計算する

$=5x$

❷ $3x^2+x-2x^2+4x$

$=3x^2-2x^2+x+4x$　同類項をまとめる

$=(3-2)x^2+(1+4)x$

$=x^2+5x$

例題 4 次の計算をしなさい。

❶ $(3x+4y)-(2x-y)$　かっこの前が－ → 符号が逆になる

$=3x+4y-2x+y$

$=x+5y$

❷ $2(3x+1)-3(x-2)$　●(■+▲) =●×■+●×▲

$=6x+2-3x+6$

$=3x+8$

TRY 3 次の計算をしなさい。

(1) $2x+4x$

$=(2+4)x$

$=6x$

(2) $x-5x$　$x-5x$ $=1x-5x$

$=(1-5)x$

$=-4x$

(3) $3x^2-x^2$

$=(3-1)x^2$

$=2x^2$

(4) $4x-6-2x+5$

$=4x-2x-6+5$

$=(4-2)x+(-6+5)$

$=2x-1$

(5) $-3x+7y-2x-9y$

$=-3x-2x+7y-9y$

$=(-3-2)x+(7-9)y$

$=-5x-2y$

(6) $2a^2-5a-a^2+a$

$=2a^2-a^2-5a+a$

$=(2-1)a^2+(-5+1)a$

$=a^2-4a$

TRY 4 次の計算をしなさい。

(1) $(3x+1)+(2x-3)$

$=3x+1+2x-3$

$=3x+2x+1-3$

$=5x-2$

(2) $(2x+5y)-(x+6y)$

$=2x+5y-x-6y$

$=2x-x+5y-6y$

$=x-y$

(3) $(5x^2-x-1)-(x^2+2x-3)$

$=5x^2-x-1-x^2-2x+3$

$=5x^2-x^2-x-2x-1+3$

$=4x^2-3x+2$

(4) $2(3x+4)+3(x+2)$

$=6x+8+3x+6$

$=6x+3x+8+6$

$=9x+14$

(5) $2(2x-y)-3(x+2y)$

$=4x-2y-3x-6y$

$=4x-3x-2y-6y$

$=x-8y$

(6) $3(4x^2+2x+1)-2(x^2+3x)$

$=12x^2+6x+3-2x^2-6x$

$=12x^2-2x^2+6x-6x+3$

$=10x^2+3$

第 2 回 実力テスト

得点　　/100

Check

1 次の計算をしなさい。【10 点× 10 問】

(1) $5x-3+2x+4$

$=5x+2x-3+4$

$=7x+1$

答 $7x+1$

(2) $-5x+6+2x-7$

$=-5x+2x+6-7$

$=-3x-1$

答 $-3x-1$

(3) $x-7y-3x-y$

$=x-3x-7y-y$

$=-2x-8y$

答 $-2x-8y$

(4) $x^2-3x+4+2x^2-x-4$

$=x^2+2x^2-3x-x+4-4$

$=3x^2-4x$

答 $3x^2-4x$

(5) $\frac{4}{5}a+\frac{2}{5}b-\frac{1}{5}a+\frac{3}{5}b$

$=\frac{4}{5}a-\frac{1}{5}a+\frac{2}{5}b+\frac{3}{5}b$

$=\left(\frac{4}{5}-\frac{1}{5}\right)a+\left(\frac{2}{5}+\frac{3}{5}\right)b$

$=\frac{3}{5}a+\frac{5^1}{5_1}b$

$=\frac{3}{5}a+b$

答 $\frac{3}{5}a+b$

(6) $(5x-y)+(2x-3y)$

$=5x-y+2x-3y$

$=5x+2x-y-3y$

$=7x-4y$

答 $7x-4y$

(7) $(x^2-4x+3)-(4x^2-4x-3)$

$=x^2-4x+3-4x^2+4x+3$

$=x^2-4x^2-4x+4x+3+3$

$=-3x^2+6$

答 $-3x^2+6$

(8) $4(x+3y)-3(2x-y)$

$=4x+12y-6x+3y$

$=4x-6x+12y+3y$

$=-2x+15y$

答 $-2x+15y$

(9) $2(2a+3b-1)+3(a-2b-1)$

$=4a+6b-2+3a-6b-3$

$=4a+3a+6b-6b-2-3$

$=7a-5$

答 $7a-5$

(10) $2(3x^2-x+1)-3(x^2+2x-1)$

$=6x^2-2x+2-3x^2-6x+3$

$=6x^2-3x^2-2x-6x+2+3$

$=3x^2-8x+5$

答 $3x^2-8x+5$

a^2は，aを2個かけたもので，$a^2=a\times a$　わり算は，分数の形にしてかける。

例題 5 次の計算をしなさい。

❶ $2a^2\times 5a=(2\times a\times a)\times(5\times a)$
$=2\times 5\times a\times a\times a$
$=\mathbf{10a^3}$

❷ $(-2a)^2=(-2a)\times(-2a)$
$=\{(-2)\times a\}\times\{(-2)\times a\}$
$=(-2)\times(-2)\times a\times a$
$=\mathbf{4a^2}$

例題 6 次の計算をしなさい。

❶ $6a^2b\div 3ab\times 2a$
$=\overset{2}{6}a^2b\times\frac{1}{3ab}\times 2a$　（÷■→×$\frac{1}{■}$）
$=\mathbf{4a^2}$

❷ $-2x(3x+y)$
$=-2x\times 3x+(-2x)\times y$
$=\mathbf{-6x^2-2xy}$

TRY 5 次の計算をしなさい。

(1) $x\times 6x$
$=x\times(6\times x)$
$=6\times x\times x$
$=\mathbf{6x^2}$

(2) $4x^2\times 3x^3$
$=(4\times x\times x)\times(3\times x\times x\times x)$
$=4\times 3\times x\times x\times x\times x\times x$
$=\mathbf{12x^5}$

(3) $12x^2\div(-4x)$
$=\frac{12x^2}{-4x}$　（÷■→×$\frac{1}{■}$）
$=-\frac{12\times x\times x}{4\times x}=\mathbf{-3x}$

(4) $(3x)^2$
$=(3x)\times(3x)$
$=3\times 3\times x\times x$
$=\mathbf{9x^2}$

(5) $(2x^2)^3$
$=(2x^2)\times(2x^2)\times(2x^2)$
$=2\times 2\times 2\times x^2\times x^2\times x^2$
$=\mathbf{8x^6}$

(6) $(-2a)^2\times(-3a^2)$
$=(-2a)\times(-2a)\times(-3\times a\times a)$
$=(-2)\times(-2)\times(-3)\times a\times a\times a\times a$
$=\mathbf{-12a^4}$

TRY 6 次の計算をしなさい。

(1) $2x\times 3xy\times y^2$
$=(2\times x)\times(3\times x\times y)\times(y\times y)$
$=2\times 3\times x\times x\times y\times y\times y$
$=\mathbf{6x^2y^3}$

(2) $3a\div 2a\times 4a^2$
$=3a\times\frac{1}{2a}\times 4a^2$
$=\frac{3\times a\times 4\times a\times a}{2\times a}=\mathbf{6a^2}$

(3) $12a^2b\div 2a\div(-3ab)$
$=12a^2b\times\frac{1}{2a}\times\left(-\frac{1}{3ab}\right)$
$=-\frac{12\times a\times a\times b}{2\times a\times 3\times a\times b}=\mathbf{-2}$

(4) $3x(2x-5y)$
$=3x\times 2x-3x\times 5y$
$=\mathbf{6x^2-15xy}$

(5) $-2xy(x-3y)$
$=-2xy\times x-2xy\times(-3y)$
$=\mathbf{-2x^2y+6xy^2}$

(6) $(9x^3-6x^2+3x)\div 3x$
$=\frac{9x^3}{3x}-\frac{6x^2}{3x}+\frac{3x}{3x}$
$=\mathbf{3x^2-2x+1}$

1 次の計算をしなさい。　【10点×10問】

(1) $4xy\times 2y$
$=(4\times x\times y)\times(2\times y)$
$=4\times 2\times x\times y\times y$
$=8xy^2$

答 $\mathbf{8xy^2}$

(2) $12x^3y\div(-3xy)$
$=\frac{12x^3y}{-3xy}$
$=-\frac{12\times x\times x\times x\times y}{3\times x\times y}$
$=-4x^2$

答 $\mathbf{-4x^2}$

(3) $4a^2b\div a^2$
$=\frac{4a^2b}{a^2}$
$=4b$

答 $\mathbf{4b}$

(4) $(3x^3)^2$
$=(3x^3)\times(3x^3)$
$=(3\times x\times x\times x)\times(3\times x\times x\times x)$
$=3\times 3\times x^6$
$=9x^6$

答 $\mathbf{9x^6}$

(5) $(-5xy)^2$
$=(-5xy)\times(-5xy)$
$=(-5\times x\times y)\times(-5\times x\times y)$
$=25x^2y^2$

答 $\mathbf{25x^2y^2}$

(6) $3a\times 2ab\times(-b^2)$
$=(3\times a)\times(2\times a\times b)\times(-b\times b)$
$=-3\times 2\times a\times a\times b\times b\times b$
$=-6a^2b^3$

答 $\mathbf{-6a^2b^3}$

(7) $(-6a^2)\div 3ab\times(-2b)$
$=(-6a^2)\times\frac{1}{3ab}\times(-2b)$
$=\frac{6\times a\times a\times 2\times b}{3\times a\times b}$
$=4a$

答 $\mathbf{4a}$

(8) $6a^3b^3\div a^2b\div 2b^2$
$=6a^3b^3\times\frac{1}{a^2b}\times\frac{1}{2b^2}$
$=\frac{6a^3b^3}{a^2b\times 2b^2}$
$=\frac{6\times a\times a\times a\times b\times b\times b}{2\times a\times a\times b\times b\times b}$
$=3a$

答 $\mathbf{3a}$

(9) $-2ab(-3a-4b+1)$
$=-2ab\times(-3a)-2ab\times(-4b)$
$-2ab\times 1$
$=2\times 3\times a^2b+2\times 4\times ab^2-2ab$
$=6a^2b+8ab^2-2ab$

答 $\mathbf{6a^2b+8ab^2-2ab}$

(10) $(8x^3-6x^2+2x)\div 2x$
$=\frac{8x^3}{2x}-\frac{6x^2}{2x}+\frac{2x}{2x}$
$=4x^2-3x+1$

答 $\mathbf{4x^2-3x+1}$

4 式の展開

$(a+b)(c+d)=ac+ad+bc+bd$

$(x+a)(x+b)=x^2+(a+b)x+ab$

$(a+b)^2=a^2+2ab+b^2$　$(a-b)^2=a^2-2ab+b^2$

$(a+b)(a-b)=a^2-b^2$

例題 7 次の式を展開しなさい。

❶ $(x+1)(y+2)$
$=x\times y+x\times 2+1\times y+1\times 2$
$=xy+2x+y+2$

❷ $(x+2)(x+5)$
$=x^2+(2+5)x+2\times 5$
$=x^2+7x+10$

例題 8 次の式を展開しなさい。

❶ $(x+3)^2$
$=x^2+2\times x\times 3+3^2$
$=x^2+6x+9$

❷ $(2x+3)(2x-3)$
$=(2x)^2-3^2$
$=4x^2-9$

TRY 7 次の式を展開しなさい。

(1) $(x+2)(y-3)$
$=x\times y+x\times(-3)+2\times y+2\times(-3)$
$=xy-3x+2y-6$

(2) $(2x+3)(3y-1)$
$=2x\times 3y+2x\times(-1)+3\times 3y+3\times(-1)$
$=6xy-2x+9y-3$

(3) $(x+1)(x+5)$
$=x^2+(1+5)x+1\times 5$
$=x^2+6x+5$

(4) $(x-2)(x-3)$
$=x^2+\{(-2)+(-3)\}x+(-2)\times(-3)$
$=x^2-5x+6$

(5) $(x-1)(x+5)$
$=x^2+\{(-1)+5\}x+(-1)\times 5$
$=x^2+4x-5$

(6) $(x+2)(x-7)$
$=x^2+\{2+(-7)\}x+2\times(-7)$
$=x^2-5x-14$

TRY 8 次の式を展開しなさい。

(1) $(x+1)^2$
$=x^2+2\times x\times 1+1^2$
$=x^2+2x+1$

(2) $(x-5)^2$
$=x^2-2\times x\times 5+5^2$
$=x^2-10x+25$

(3) $(3x+y)^2$
$=(3x)^2+2\times 3x\times y+y^2$
$=9x^2+6xy+y^2$

(4) $(x+3)(x-3)$
$=x^2-3^2$
$=x^2-9$

(5) $(x-5)(x+5)$
$=x^2-5^2$
$=x^2-25$

(6) $(3x+2y)(3x-2y)$
$=(3x)^2-(2y)^2$
$=9x^2-4y^2$

第 4 回 実力テスト

得点　　/100　Check

1 次の式を展開しなさい。　【10点×10問】

(1) $(a+b)(x+y)$
$=a\times x+a\times y+b\times x+b\times y$
$=ax+ay+bx+by$

答 $ax+ay+bx+by$

(2) $(x+1)(x+3)$
$=x^2+(1+3)x+1\times 3$
$=x^2+4x+3$

答 x^2+4x+3

(3) $(x-3)(x-4)$
$=x^2+\{(-3)+(-4)\}x+(-3)\times(-4)$
$=x^2-7x+12$

答 $x^2-7x+12$

(4) $(x-4)(x+5)$
$=x^2+\{(-4)+5\}x+(-4)\times 5$
$=x^2+x-20$

答 x^2+x-20

(5) $(a+2)(a-5)$
$=a^2+\{2+(-5)\}a+2\times(-5)$
$=a^2-3a-10$

答 $a^2-3a-10$

(6) $(x+4)^2$
$=x^2+2\times x\times 4+4^2$
$=x^2+8x+16$

答 $x^2+8x+16$

(7) $(a-2)^2$
$=a^2-2\times a\times 2+2^2$
$=a^2-4a+4$

答 a^2-4a+4

(8) $(2x+3y)^2$
$=(2x)^2+2\times 2x\times 3y+(3y)^2$
$=4x^2+12xy+9y^2$

答 $4x^2+12xy+9y^2$

(9) $(x+4)(x-4)$
$=x^2-4^2$
$=x^2-16$

答 x^2-16

(10) $(5x-3y)(5x+3y)$
$=(5x)^2-(3y)^2$
$=25x^2-9y^2$

答 $25x^2-9y^2$

5 因数分解①

$a^2-b^2=(a+b)(a-b)$

$a^2+2ab+b^2=(a+b)^2$　$a^2-2ab+b^2=(a-b)^2$

例題 9 次の式を因数分解しなさい。

❶ $9x^2-1$
$=(3x)^2-1^2$
$=(3x+1)(3x-1)$

❷ $x^2+8x+16$
$=x^2+2\times x\times 4+4^2$
$=(x+4)^2$

TRY 9 次の式を因数分解しなさい。

(1) x^2-1
$=x^2-1^2$
$=(x+1)(x-1)$

(2) $4x^2-9$
$=(2x)^2-3^2$
$=(2x+3)(2x-3)$

(3) $9x^2-y^2$
$=(3x)^2-y^2$
$=(3x+y)(3x-y)$

(4) x^2+6x+9
$=x^2+2\times x\times 3+3^2$
$=(x+3)^2$

(5) x^2-4x+4
$=x^2-2\times x\times 2+2^2$
$=(x-2)^2$

(6) $9x^2-12xy+4y^2$
$=(3x)^2-2\times 3x\times 2y+(2y)^2$
$=(3x-2y)^2$

$x^2+(a+b)x+ab=(x+a)(x+b)$

$x^2+(a+b)xy+aby^2=(x+ay)(x+by)$

例題 10 次の式を因数分解しなさい。

❶ x^2+5x+6
$=x^2+(2+3)x+2\times 3$
$=(x+2)(x+3)$

❷ $x^2+3x-10$
$=x^2+\{5+(-2)\}x+5\times(-2)$
$=(x+5)(x-2)$

TRY 10 次の式を因数分解しなさい。

(1) x^2+6x+8
$=x^2+(2+4)x+2\times 4$
$=(x+2)(x+4)$

(2) x^2-5x+4
$=x^2+\{(-1)+(-4)\}x+(-1)\times(-4)$
$=(x-1)(x-4)$

(3) x^2+3x-4
$=x^2+\{4+(-1)\}x+4\times(-1)$
$=(x+4)(x-1)$

(4) x^2-2x-8
$=x^2+\{2+(-4)\}x+2\times(-4)$
$=(x+2)(x-4)$

(5) $x^2+5xy+6y^2$
$=x^2+(2+3)xy+2\times 3y^2$
$=(x+2y)(x+3y)$

(6) $x^2-xy-2y^2$
$=x^2+\{1+(-2)\}xy+1\times(-2)y^2$
$=(x+y)(x-2y)$

第 5 回 実力テスト

得点　　/100　Check

1 次の式を因数分解しなさい。【10点×10問】

(1) $4x^2-1$
$=(2x)^2-1^2$
$=(2x+1)(2x-1)$

答 $(2x+1)(2x-1)$

(2) $9a^2-25b^2$
$=(3a)^2-(5b)^2$
$=(3a+5b)(3a-5b)$

答 $(3a+5b)(3a-5b)$

(3) x^2-6x+9
$=x^2-2\times x\times 3+3^2$
$=(x-3)^2$

答 $(x-3)^2$

(4) $4x^2+12x+9$
$=(2x)^2+2\times 2x\times 3+3^2$
$=(2x+3)^2$

答 $(2x+3)^2$

(5) $x^2+7x+12$
$=x^2+(3+4)x+3\times 4$
$=(x+3)(x+4)$

答 $(x+3)(x+4)$

(6) a^2-6a+5
$=a^2+\{(-1)+(-5)\}a+(-1)\times(-5)$
$=(a-1)(a-5)$

答 $(a-1)(a-5)$

(7) a^2+2a-8
$=a^2+\{4+(-2)\}a+4\times(-2)$
$=(a+4)(a-2)$

答 $(a+4)(a-2)$

(8) x^2-x-6
$=x^2+\{2+(-3)\}x+2\times(-3)$
$=(x+2)(x-3)$

答 $(x+2)(x-3)$

(9) $x^2+8xy+15y^2$
$=x^2+(3+5)xy+3\times 5y^2$
$=(x+3y)(x+5y)$

答 $(x+3y)(x+5y)$

(10) $a^2+ab-20b^2$
$=a^2+\{5+(-4)\}ab+5\times(-4)b^2$
$=(a+5b)(a-4b)$

答 $(a+5b)(a-4b)$

6 因数分解②

同じ数や文字の部分(共通な因数)を見つけてまとめる。さらに因数分解できるものは因数分解する。

例題 11 次の式を因数分解しなさい。

❶ $6ax-8ay$

$=2a\times3x-2a\times4y$ （$6ax=2a\times3x$、$-8ay=2a\times(-4y)$）

$=2a(3x-4y)$

❷ x^2y+xy^2

$=xy\times x+xy\times y$

$=xy(x+y)$

例題 12 次の式を因数分解しなさい。

❶ ax^2-ay^2

$=a(x^2-y^2)$

$=a(x+y)(x-y)$ （x^2-y^2 は さらに因数分解する）

❷ $3x^2+12x+9$ （← $3x^2=3\times x^2$、$12x=3\times4x$、$9=3\times3$）

$=3(x^2+4x+3)$

$=3(x+1)(x+3)$

TRY 11 次の式を因数分解しなさい。

(1) $xy-xz$

$=x\times y-x\times z$

$=x(y-z)$

(2) $a+ab$

$=a\times1+a\times b$

$=a(1+b)$

(3) x^2-x

$=x\times x-x\times1$

$=x(x-1)$

(4) $9x^2-6x$

$=3x\times3x-3x\times2$

$=3x(3x-2)$

(5) $6a^2b+8ab^2$

$=2ab\times3a+2ab\times4b$

$=2ab(3a+4b)$

(6) $4x^2-6xy+2x$

$=2x\times2x-2x\times3y+2x\times1$

$=2x(2x-3y+1)$

TRY 12 次の式を因数分解しなさい。

(1) $2x^2-2y^2$

$=2(x^2-y^2)$

$=2(x+y)(x-y)$

(2) ax^2-4a

$=a(x^2-4)$

$=a(x+2)(x-2)$

(3) a^2x-x

$=x(a^2-1)$

$=x(a+1)(a-1)$

(4) $5x^2+10x+5$

$=5(x^2+2x+1)$

$=5(x+1)^2$

(5) $2x^2-4x-16$

$=2(x^2-2x-8)$

$=2(x+2)(x-4)$

(6) $x^2y+xy-12y$

$=y(x^2+x-12)$

$=y(x-3)(x+4)$

第 6 回 実力テスト

得点　　/100　Check

1 次の式を因数分解しなさい。【10点×10問】

(1) $am-an$

$=a\times m-a\times n$

$=a(m-n)$

答 $a(m-n)$

(2) a^2+a

$=a\times a+a\times1$

$=a(a+1)$

答 $a(a+1)$

(3) $2x^2+6x$

$=2x\times x+2x\times3$

$=2x(x+3)$

答 $2x(x+3)$

(4) $6x^2y-4xy^2$

$=2xy\times3x-2xy\times2y$

$=2xy(3x-2y)$

答 $2xy(3x-2y)$

(5) $3x^2-9xy-6xz$

$=3x\times x-3x\times3y-3x\times2z$

$=3x(x-3y-2z)$

答 $3x(x-3y-2z)$

(6) $3x^2-3y^2$

$=3(x^2-y^2)$

$=3(x+y)(x-y)$

答 $3(x+y)(x-y)$

(7) ax^2-9a

$=a(x^2-9)$

$=a(x+3)(x-3)$

答 $a(x+3)(x-3)$

(8) xy^2-x

$=x\times y^2-x\times1$

$=x(y^2-1)$

$=x(y+1)(y-1)$

答 $x(y+1)(y-1)$

(9) $2x^2+10x+8$

$=2(x^2+5x+4)$

$=2(x+1)(x+4)$

答 $2(x+1)(x+4)$

(10) $2ax^2-6ax+4a$

$=2a\times x^2-2a\times3x+2a\times2$

$=2a(x^2-3x+2)$

$=2a(x-1)(x-2)$

答 $2a(x-1)(x-2)$

7 平方根の計算①

$a>0$ のとき，$\sqrt{a^2}=a$ なので　$\sqrt{4}=2$，$\sqrt{9}=3$，$\sqrt{16}=4$，$\sqrt{25}=5$，$\sqrt{36}=6$，…

例題 13 ❶，❷は$\sqrt{\ }$の中を，できるだけ簡単な数にしなさい。
❸，❹は計算をしなさい。

❶ $\sqrt{9}=3$　$\sqrt{a^2}=a\ (a>0)$

❷ $\sqrt{12}=\sqrt{4}\times\sqrt{3}$
$=2\times\sqrt{3}=2\sqrt{3}$　$2\times\sqrt{3}$の×は省略する

❸ $\sqrt{3}\times\sqrt{5}=\sqrt{3\times5}$　$\sqrt{●}\times\sqrt{▲}=\sqrt{●\times▲}$
$=\sqrt{15}$

❹ $\sqrt{8}\div\sqrt{2}=\dfrac{\sqrt{8}}{\sqrt{2}}=\sqrt{\dfrac{8}{2}}$　$\dfrac{\sqrt{▲}}{\sqrt{●}}=\sqrt{\dfrac{▲}{●}}$
$=\sqrt{4}=2$

例題 14 ❶は計算をしなさい。❷は分母に$\sqrt{\ }$を含まない形で表しなさい。

❶ $\sqrt{2}\times\sqrt{6}\times\sqrt{3}=\sqrt{2\times6\times3}$
$=\sqrt{36}$
$=6$

❷ $\dfrac{6}{\sqrt{2}}=\dfrac{6\times\sqrt{2}}{\sqrt{2}\times\sqrt{2}}$　分母と分子に$\sqrt{2}$をかける
$=\dfrac{6\sqrt{2}}{2}$　約分する
$=3\sqrt{2}$

TRY 13 次の問いに答えなさい。

(1) 次の数を$\sqrt{\ }$を使わずに表しなさい。

① $\sqrt{4}=2$

② $\sqrt{16}=4$

(2) 次の数の$\sqrt{\ }$の中を，できるだけ簡単な数にしなさい。

① $\sqrt{8}=\sqrt{4}\times\sqrt{2}$
$=2\times\sqrt{2}=2\sqrt{2}$

② $\sqrt{18}=\sqrt{9}\times\sqrt{2}$
$=3\times\sqrt{2}=3\sqrt{2}$

③ $\sqrt{20}=\sqrt{4}\times\sqrt{5}$
$=2\times\sqrt{5}=2\sqrt{5}$

④ $\sqrt{75}=\sqrt{25}\times\sqrt{3}$
$=5\times\sqrt{3}=5\sqrt{3}$

(3) 次の計算をしなさい。

① $\sqrt{2}\times\sqrt{5}=\sqrt{2\times5}$
$=\sqrt{10}$

② $\sqrt{6}\div\sqrt{2}=\dfrac{\sqrt{6}}{\sqrt{2}}=\sqrt{\dfrac{6}{2}}$
$=\sqrt{3}$

TRY 14 (1)～(4)の計算をしなさい。
また，(5)の問いに答えなさい。

(1) $\sqrt{2}\times\sqrt{8}=\sqrt{2\times8}$
$=\sqrt{16}$
$=4$

(2) $\sqrt{2}\times\sqrt{6}=\sqrt{2\times6}=\sqrt{12}$
$=\sqrt{4}\times\sqrt{3}$
$=2\times\sqrt{3}$
$=2\sqrt{3}$

(3) $\sqrt{2}\times\sqrt{5}\times\sqrt{6}=\sqrt{2\times5\times6}=\sqrt{60}$
$=\sqrt{4}\times\sqrt{15}$
$=2\times\sqrt{15}$
$=2\sqrt{15}$

(4) $\sqrt{12}\div\sqrt{2}\times\sqrt{3}=\sqrt{12\div2\times3}=\sqrt{18}$
$=\sqrt{9}\times\sqrt{2}$
$=3\times\sqrt{2}$
$=3\sqrt{2}$

(5) 次の数を，分母に$\sqrt{\ }$を含まない形で表しなさい。

① $\dfrac{\sqrt{2}}{\sqrt{3}}=\dfrac{\sqrt{2}\times\sqrt{3}}{\sqrt{3}\times\sqrt{3}}=\dfrac{\sqrt{6}}{3}$

② $\dfrac{8}{\sqrt{2}}=\dfrac{8\times\sqrt{2}}{\sqrt{2}\times\sqrt{2}}=\dfrac{8\sqrt{2}}{2}=4\sqrt{2}$

第 7 回　実力テスト

得点　　/100　Check

1 次の数を$\sqrt{\ }$を使わずに表しなさい。【10点×2問】

(1) $\sqrt{25}$
$=5$

答 5

(2) $\sqrt{(-3)^2}$
$=\sqrt{9}$
$=3$

答 3

2 次の数の$\sqrt{\ }$の中を，できるだけ簡単な数にしなさい。【10点×3問】

(1) $\sqrt{24}$
$=\sqrt{4}\times\sqrt{6}$
$=2\times\sqrt{6}$
$=2\sqrt{6}$

答 $2\sqrt{6}$

(2) $\sqrt{50}$
$=\sqrt{25}\times\sqrt{2}$
$=5\times\sqrt{2}$
$=5\sqrt{2}$

答 $5\sqrt{2}$

(3) $\sqrt{200}$
$=\sqrt{100}\times\sqrt{2}$　$100=10^2$
$=10\times\sqrt{2}$
$=10\sqrt{2}$

答 $10\sqrt{2}$

3 次の計算をしなさい。【10点×3問】

(1) $\sqrt{3}\times\sqrt{6}=\sqrt{3\times6}$
$=\sqrt{18}$
$=\sqrt{9}\times\sqrt{2}$
$=3\times\sqrt{2}$
$=3\sqrt{2}$

答 $3\sqrt{2}$

(2) $\sqrt{2}\times(-\sqrt{5})\times\sqrt{10}$
$=-\sqrt{2\times5\times10}$
$=-\sqrt{100}$
$=-10$

答 -10

(3) $\sqrt{18}\div(-\sqrt{3})\times(-\sqrt{2})$
$=\sqrt{18\div3\times2}$
$=\sqrt{12}$
$=\sqrt{4}\times\sqrt{3}$
$=2\times\sqrt{3}$
$=2\sqrt{3}$

答 $2\sqrt{3}$

4 次の数を，分母に$\sqrt{\ }$を含まない形で表しなさい。【10点×2問】

(1) $\dfrac{1}{\sqrt{3}}=\dfrac{1\times\sqrt{3}}{\sqrt{3}\times\sqrt{3}}$
$=\dfrac{\sqrt{3}}{3}$

答 $\dfrac{\sqrt{3}}{3}$

(2) $\dfrac{10}{\sqrt{5}}=\dfrac{10\times\sqrt{5}}{\sqrt{5}\times\sqrt{5}}$
$=\dfrac{10\sqrt{5}}{5}$
$=2\sqrt{5}$

答 $2\sqrt{5}$

8 平方根の計算②

$\sqrt{a}$ が同じものはまとめる。($a>0$)

例題 15 次の計算をしなさい。

❶ $\underset{\sqrt{3}が4つ}{\underline{4\sqrt{3}}}-\underset{\sqrt{3}が1つ}{\underline{\sqrt{3}}}=\underset{4つから1つをひいて}{\underline{(4-1)\sqrt{3}}}$

$=\underset{\sqrt{3}が3つ}{\underline{3\sqrt{3}}}$

❷ $\sqrt{8}+\sqrt{2}=2\sqrt{2}+\sqrt{2}$

$=(2+1)\sqrt{2}$

$=3\sqrt{2}$

例題 16 次の計算をしなさい。

$(\sqrt{3}+\sqrt{2})^2$　　$(a+b)^2=a^2+2ab+b^2$

$=(\sqrt{3})^2+2\times\sqrt{3}\times\sqrt{2}+(\sqrt{2})^2$

$=3+2\sqrt{6}+2$

$=5+2\sqrt{6}$

TRY 15 次の計算をしなさい。

(1) $2\sqrt{3}+3\sqrt{3}$

$=(2+3)\sqrt{3}$

$=5\sqrt{3}$

(2) $3\sqrt{7}-2\sqrt{7}$

$=(3-2)\sqrt{7}$

$=\sqrt{7}$

(3) $\sqrt{2}+\sqrt{3}+5\sqrt{2}-2\sqrt{3}$

$=\sqrt{2}+5\sqrt{2}+\sqrt{3}-2\sqrt{3}$

$=(1+5)\sqrt{2}+(1-2)\sqrt{3}$

$=6\sqrt{2}-\sqrt{3}$　←これ以上はまとめられない

(4) $\sqrt{12}+\sqrt{3}$　　$\sqrt{12}=\sqrt{4}\times\sqrt{3}=2\times\sqrt{3}$

$=2\sqrt{3}+\sqrt{3}$

$=(2+1)\sqrt{3}$

$=3\sqrt{3}$

(5) $\sqrt{50}-\sqrt{18}$

$=5\sqrt{2}-3\sqrt{2}$

$=(5-3)\sqrt{2}$

$=2\sqrt{2}$

(6) $\sqrt{2}+\sqrt{4}+\sqrt{8}+\sqrt{16}$

$=\sqrt{2}+2+2\sqrt{2}+4$

$=(2+4)+(1+2)\sqrt{2}$

$=6+3\sqrt{2}$

TRY 16 次の計算をしなさい。

(1) $(\sqrt{5}+\sqrt{2})^2$

$=(\sqrt{5})^2+2\times\sqrt{5}\times\sqrt{2}+(\sqrt{2})^2$

$=5+2\sqrt{10}+2$

$=7+2\sqrt{10}$

(2) $(\sqrt{3}-1)^2$

$=(\sqrt{3})^2-2\times\sqrt{3}\times1+1^2$　　$(a-b)^2=a^2-2ab+b^2$

$=3-2\sqrt{3}+1$

$=4-2\sqrt{3}$

(3) $(\sqrt{3}+\sqrt{2})(\sqrt{3}-\sqrt{2})$　　$(a+b)(a-b)=a^2-b^2$

$=(\sqrt{3})^2-(\sqrt{2})^2$

$=3-2$

$=1$

(4) $(\sqrt{5}+2)(\sqrt{5}-2)$

$=(\sqrt{5})^2-2^2$

$=5-4$

$=1$

(5) $(\sqrt{5}+1)(\sqrt{5}+2)$　　$(x+a)(x+b)=x^2+(a+b)x+ab$

$=(\sqrt{5})^2+(1+2)\sqrt{5}+1\times2$

$=5+3\sqrt{5}+2$

$=7+3\sqrt{5}$

(6) $(\sqrt{2}+2)(\sqrt{2}-1)$

$=(\sqrt{2})^2+(2-1)\sqrt{2}+2\times(-1)$

$=2+\sqrt{2}-2$

$=\sqrt{2}$

第 8 回 実力テスト

得点　　/100　　Check

1 次の計算をしなさい。【10点×5問】

(1) $3\sqrt{2}+\sqrt{2}$

$=(3+1)\sqrt{2}$

$=4\sqrt{2}$

答 $4\sqrt{2}$

(2) $\sqrt{12}-\sqrt{3}$

$=2\sqrt{3}-\sqrt{3}$

$=(2-1)\sqrt{3}$

$=\sqrt{3}$

答 $\sqrt{3}$

(3) $\sqrt{8}-\sqrt{32}+\sqrt{2}$

$=2\sqrt{2}-4\sqrt{2}+\sqrt{2}$

$=(2-4+1)\sqrt{2}$

$=-\sqrt{2}$

答 $-\sqrt{2}$

(4) $\sqrt{5}+\sqrt{2}+\sqrt{20}-\sqrt{18}$

$=\sqrt{5}+\sqrt{2}+2\sqrt{5}-3\sqrt{2}$

$=\sqrt{5}+2\sqrt{5}+\sqrt{2}-3\sqrt{2}$

$=(1+2)\sqrt{5}+(1-3)\sqrt{2}$

$=3\sqrt{5}-2\sqrt{2}$

答 $3\sqrt{5}-2\sqrt{2}$

(5) $\sqrt{12}-\sqrt{5}+\sqrt{45}-\sqrt{48}$

$=2\sqrt{3}-\sqrt{5}+3\sqrt{5}-4\sqrt{3}$

$=2\sqrt{3}-4\sqrt{3}-\sqrt{5}+3\sqrt{5}$

$=-2\sqrt{3}+2\sqrt{5}$

答 $-2\sqrt{3}+2\sqrt{5}$

2 次の計算をしなさい。【10点×5問】

(1) $(\sqrt{5}+\sqrt{3})^2$

$=(\sqrt{5})^2+2\times\sqrt{5}\times\sqrt{3}+(\sqrt{3})^2$

$=5+2\sqrt{15}+3$

$=8+2\sqrt{15}$

答 $8+2\sqrt{15}$

(2) $(\sqrt{5}-2)^2$

$=(\sqrt{5})^2-2\times\sqrt{5}\times2+2^2$

$=5-4\sqrt{5}+4$

$=9-4\sqrt{5}$

答 $9-4\sqrt{5}$

(3) $(\sqrt{3}+1)(\sqrt{3}-1)$

$=(\sqrt{3})^2-1^2$

$=3-1$

$=2$

答 2

(4) $(2+\sqrt{3})(2-\sqrt{3})$

$=2^2-(\sqrt{3})^2$

$=4-3$

$=1$

答 1

(5) $(\sqrt{3}+3)(\sqrt{3}-1)$

$=(\sqrt{3})^2+(3-1)\sqrt{3}+3\times(-1)$

$=3+2\sqrt{3}-3$

$=2\sqrt{3}$

答 $2\sqrt{3}$

9 1次方程式

$ax=b$ の形のときは，両辺を x の係数でわる。

例題 17 次の1次方程式を解きなさい。

❶ $2x=10$
$x=\frac{10}{2}$ （両辺を2でわる）
$\boldsymbol{x=5}$

❷ $5x-7=8$
$5x=8+7$ （−7を右辺に移項する（符号がかわる））
$5x=15$
$x=\frac{15}{5}$ （両辺を5でわる）
$\boldsymbol{x=3}$

例題 18 次の1次方程式を解きなさい。

❶ $3x-1=5x+7$
$3x-5x=7+1$ （x の項を左辺に，定数項を右辺にそれぞれ移項する（符号がかわる））
$-2x=8$ （両辺を−2でわる）
$\boldsymbol{x=-4}$

❷ $3(x-2)=5$
$3x-6=5$ （かっこをはずす）
$3x=5+6$ （−6を右辺に移項する（符号がかわる））
$3x=11$ （両辺を3でわる）
$\boldsymbol{x=\frac{11}{3}}$

TRY 17 次の1次方程式を解きなさい。

(1) $2x=8$
$x=\frac{8}{2}$
$\boldsymbol{x=4}$

(2) $-3x=21$
$x=\frac{21}{-3}$
$\boldsymbol{x=-7}$

(3) $2x-1=9$
$2x=9+1$
$2x=10$
$x=\frac{10}{2}$
$\boldsymbol{x=5}$

(4) $-3x-5=10$
$-3x=10+5$
$-3x=15$
$x=\frac{15}{-3}$
$\boldsymbol{x=-5}$

TRY 18 次の1次方程式を解きなさい。

(1) $4x+2=x+8$
$4x-x=8-2$
$3x=6$
$x=\frac{6}{3}$
$\boldsymbol{x=2}$

(2) $5x-3=3x+9$
$5x-3x=9+3$
$2x=12$
$x=\frac{12}{2}$
$\boldsymbol{x=6}$

(3) $2(x-1)=3x+4$
$2x-2=3x+4$
$2x-3x=4+2$
$-x=6$
$\boldsymbol{x=-6}$

(4) $5(x+3)=2(x-2)$
$5x+15=2x-4$
$5x-2x=-4-15$
$3x=-19$
$\boldsymbol{x=-\frac{19}{3}}$

第9回 実力テスト

得点 /100 Check

1 次の1次方程式を解きなさい。 【10点×5問】

(1) $-3x=9$
$x=\frac{9}{-3}$
$x=-3$
答 $\boldsymbol{x=-3}$

(2) $2x-3=5$
$2x=5+3$
$2x=8$
$x=\frac{8}{2}$
$x=4$
答 $\boldsymbol{x=4}$

(3) $-5x-3=7$
$-5x=7+3$
$-5x=10$
$x=\frac{10}{-5}$
$x=-2$
答 $\boldsymbol{x=-2}$

(4) $1=4-3x$
$3x=4-1$
$3x=3$
$x=\frac{3}{3}$
$x=1$
答 $\boldsymbol{x=1}$

(5) $-4x-8=x$
$-4x-x=8$
$-5x=8$
$x=\frac{8}{-5}$
$x=-\frac{8}{5}$
答 $\boldsymbol{x=-\frac{8}{5}}$

2 次の1次方程式を解きなさい。 【10点×5問】

(1) $3x-2=x+6$
$3x-x=6+2$
$2x=8$
$x=\frac{8}{2}$
$x=4$
答 $\boldsymbol{x=4}$

(2) $5x-3=2x-9$
$5x-2x=-9+3$
$3x=-6$
$x=-\frac{6}{3}$
$x=-2$
答 $\boldsymbol{x=-2}$

(3) $3(x+2)=4x-3$
$3x+6=4x-3$
$3x-4x=-3-6$
$-x=-9$
$x=9$
答 $\boldsymbol{x=9}$

(4) $5x=3(2x-1)$
$5x=6x-3$
$5x-6x=-3$
$-x=-3$
$x=3$
答 $\boldsymbol{x=3}$

(5) $2(x-3)=3(2x+1)$
$2x-6=6x+3$
$2x-6x=3+6$
$-4x=9$
$x=\frac{9}{-4}$
$x=-\frac{9}{4}$
答 $\boldsymbol{x=-\frac{9}{4}}$

10 連立方程式

連立方程式の解き方には，代入法と加減法がある。

例題 19 次の連立方程式を解きなさい。

$x+y=5$ …①
$y=2x-1$ …②

解 ②を①に代入する。

$x+(2x-1)=5$
$3x-1=5$
$3x=5+1$
$3x=6$
$x=2$ …③

③を②に代入する。 ←①に代入してもよい

$y=2\times2-1$
$y=4-1$
$y=3$

答 $x=2,\ y=3$

例題 20 次の連立方程式を解きなさい。

$x+y=3$ …①
$x-y=1$ …②

解 ①と②をたして，y を消去する。
①から②をひいて，x を消去してもよい

①+②　$x+y=3$
+)　$x-y=1$
$2x\quad=4$
$x=2$ …③

③を①に代入する。 ←②に代入してもよい

$2+y=3$
$y=3-2$
$y=1$

答 $x=2,\ y=1$

TRY 19 次の連立方程式を解きなさい。

(1)
$x+y=4$ …①
$y=x-2$ …②

解 ②を①に代入する。

$x+(x-2)=4$
$2x-2=4$
$2x=4+2$
$2x=6$
$x=3$ …③

③を②に代入する。

$y=3-2$
$y=1$

答 $x=3,\ y=1$

(2)
$2x+y=3$ …①
$y=2x-5$ …②

解 ②を①に代入する。

$2x+(2x-5)=3$
$4x-5=3$
$4x=3+5$
$4x=8$
$x=2$ …③

③を②に代入する。

$y=2\times2-5$
$y=4-5$
$y=-1$

答 $x=2,\ y=-1$

TRY 20 次の連立方程式を解きなさい。

(1)
$x+y=5$ …①
$x-y=1$ …②

解 ①と②をたして，y を消去する。

①+②　$x+y=5$
+)　$x-y=1$
$2x\quad=6$
$x=3$ …③

③を①に代入する。

$3+y=5$
$y=5-3$
$y=2$

答 $x=3,\ y=2$

(2)
$2x+y=7$ …①
$x+y=1$ …②

解 ①から②をひいて，y を消去する。

①−②　$2x+y=7$
−)　$x+y=1$
$x\quad=6$ …③

③を②に代入する。

$6+y=1$
$y=1-6$
$y=-5$

答 $x=6,\ y=-5$

第10回 実力テスト

得点　　/100　Check

1 次の連立方程式を解きなさい。 【20点×3問】

(1)
$2x+y=4$ …①
$y=x+1$ …②

解 ②を①に代入する。

$2x+(x+1)=4$
$3x+1=4$
$3x=4-1$
$3x=3$
$x=1$ …③

③を②に代入する。

$y=1+1$
$y=2$

答 $x=1,\ y=2$

(2)
$3x+y=7$ …①
$y=x-1$ …②

解 ②を①に代入する。

$3x+(x-1)=7$
$4x-1=7$
$4x=7+1$
$4x=8$
$x=2$ …③

③を②に代入する。

$y=2-1$
$y=1$

答 $x=2,\ y=1$

(3)
$x+2y=7$ …①
$y=2x+1$ …②

解 ②を①に代入する。

$x+2(2x+1)=7$
$x+4x+2=7$
$5x=7-2$
$5x=5$
$x=1$ …③

③を②に代入する。

$y=2\times1+1$
$y=2+1$
$y=3$

答 $x=1,\ y=3$

2 次の連立方程式を解きなさい。 【20点×2問】

(1)
$x+y=3$ …①
$2x+y=1$ …②

解 ①から②をひいて，y を消去する。

①−②　$x+y=3$
−)　$2x+y=1$
$-x\quad=2$
$x=-2$ …③

③を①に代入する。

$-2+y=3$
$y=3+2$
$y=5$

答 $x=-2,\ y=5$

(2)
$3x+2y=13$ …①
$x+y=5$ …②

解 ②の両辺に 2 をかける。

$2(x+y)=2\times5$
$2x+2y=10$ …③

①から③をひいて，y を消去する。

①−③　$3x+2y=13$
−)　$2x+2y=10$
$x\quad=3$ …④

④を②に代入する。

$3+y=5$
$y=5-3$
$y=2$

答 $x=3,\ y=2$

$x^2=a$ を解くと $x=\pm\sqrt{a}$ $(a>0)$，$(x+a)(x+b)=0$ を解くと $x+a=0$，$x+b=0$　よって $x=-a$，$x=-b$

例題 21 次の 2 次方程式を解きなさい。

❶ $2x^2-12=0$　（−12 を右辺に移項する）
$2x^2=12$　（両辺を 2 でわる）
$x^2=6$　（両辺の平方根を求める（左辺：2 乗をとる　右辺：±√ をつける））
$x=\pm\sqrt{6}$

❷ $x^2+5x+6=0$　（因数分解する）
$(x+2)(x+3)=0$　（$x+2$ と $x+3$ のどちらかが 0）
$x+2=0$，$x+3=0$
$x=-2$，$x=-3$

$AB=0$ のとき，$A=0$ または $B=0$

TRY 21 次の 2 次方程式を解きなさい。

(1) $3x^2=6$
$x^2=2$
$x=\pm\sqrt{2}$

(2) $5x^2-10=0$
$5x^2=10$
$x^2=2$
$x=\pm\sqrt{2}$

(3) $(x-1)(x+3)=0$
$x-1=0$，$x+3=0$
$x=1$，$x=-3$

(4) $x^2+3x+2=0$
$x^2+(1+2)x+1\times2=0$
$(x+1)(x+2)=0$
$x+1=0$，$x+2=0$
$x=-1$，$x=-2$

(5) $x^2+7x+12=0$
$x^2+(3+4)x+3\times4=0$
$(x+3)(x+4)=0$
$x+3=0$，$x+4=0$
$x=-3$，$x=-4$

例題 22 次の 2 次方程式を解の公式を用いて解きなさい。

$3x^2-7x+1=0$

解　解の公式より

$$x=\frac{-(-7)\pm\sqrt{(-7)^2-4\times3\times1}}{2\times3}=\frac{7\pm\sqrt{49-12}}{6}=\frac{7\pm\sqrt{37}}{6}$$

解の公式
2 次方程式 $ax^2+bx+c=0$ の解は
$$x=\frac{-b\pm\sqrt{b^2-4ac}}{2a}$$

TRY 22 次の 2 次方程式を解の公式を用いて解きなさい。

(1) $x^2+5x+3=0$
$$x=\frac{-5\pm\sqrt{5^2-4\times1\times3}}{2\times1}=\frac{-5\pm\sqrt{25-12}}{2}=\frac{-5\pm\sqrt{13}}{2}$$

(2) $x^2-7x+5=0$
$$x=\frac{-(-7)\pm\sqrt{(-7)^2-4\times1\times5}}{2\times1}=\frac{7\pm\sqrt{49-20}}{2}=\frac{7\pm\sqrt{29}}{2}$$

(3) $2x^2+5x-1=0$
$$x=\frac{-5\pm\sqrt{5^2-4\times2\times(-1)}}{2\times2}=\frac{-5\pm\sqrt{25+8}}{4}=\frac{-5\pm\sqrt{33}}{4}$$

(4) $3x^2-x-1=0$
$$x=\frac{-(-1)\pm\sqrt{(-1)^2-4\times3\times(-1)}}{2\times3}=\frac{1\pm\sqrt{1+12}}{6}=\frac{1\pm\sqrt{13}}{6}$$

第 11 回　実力テスト

得点　　/100　Check

1 次の 2 次方程式を解きなさい。　【8 点×5 問】

(1) $2x^2-8=0$
$2x^2=8$
$x^2=4$
$x=\pm2$
答　$x=\pm2$

(2) $3x^2-15=0$
$3x^2=15$
$x^2=5$
$x=\pm\sqrt{5}$
答　$x=\pm\sqrt{5}$

(3) $x(x+4)=0$
$x=0$，$x+4=0$
$x=0$，$x=-4$
答　$x=0$，$x=-4$

(4) $x^2-x-2=0$
$x^2+\{1+(-2)\}x+1\times(-2)=0$
$(x+1)(x-2)=0$
$x+1=0$，$x-2=0$
$x=-1$，$x=2$
答　$x=-1$，$x=2$

(5) $x^2+15x+54=0$
$x^2+(6+9)x+6\times9=0$
$(x+6)(x+9)=0$
$x+6=0$，$x+9=0$
$x=-6$，$x=-9$
答　$x=-6$，$x=-9$

2 次の 2 次方程式を解の公式を用いて解きなさい。　【15 点×4 問】

(1) $x^2+3x+1=0$
$$x=\frac{-3\pm\sqrt{3^2-4\times1\times1}}{2\times1}=\frac{-3\pm\sqrt{9-4}}{2}=\frac{-3\pm\sqrt{5}}{2}$$
答　$x=\dfrac{-3\pm\sqrt{5}}{2}$

(2) $2x^2+5x-2=0$
$$x=\frac{-5\pm\sqrt{5^2-4\times2\times(-2)}}{2\times2}=\frac{-5\pm\sqrt{25+16}}{4}=\frac{-5\pm\sqrt{41}}{4}$$
答　$x=\dfrac{-5\pm\sqrt{41}}{4}$

(3) $3x^2-7x+3=0$
$$x=\frac{-(-7)\pm\sqrt{(-7)^2-4\times3\times3}}{2\times3}=\frac{7\pm\sqrt{49-36}}{6}=\frac{7\pm\sqrt{13}}{6}$$
答　$x=\dfrac{7\pm\sqrt{13}}{6}$

(4) $5x^2-3x-4=0$
$$x=\frac{-(-3)\pm\sqrt{(-3)^2-4\times5\times(-4)}}{2\times5}=\frac{3\pm\sqrt{9+80}}{10}=\frac{3\pm\sqrt{89}}{10}$$
答　$x=\dfrac{3\pm\sqrt{89}}{10}$

1次関数 $y=ax+b$ のグラフは，傾きが a，切片が b の直線で表される。

例題23 1次関数 $y=2x+1$ について，次の問いに答えなさい。

❶ $x=0$ のときの y の値を求めなさい。

解 $y=2x+1$ に，$x=\underline{0}$ を代入する。

$y=2\times\underline{0}+1=1$

❷ $x=1$ のときの y の値を求めなさい。

解 $y=2x+1$ に，$x=\underline{1}$ を代入する。

$y=2\times\underline{1}+1=2+1=3$

❸ ❶の x と y の値を座標とする点と，❷の x と y の値を座標とする点を結び，グラフをかきなさい。

解

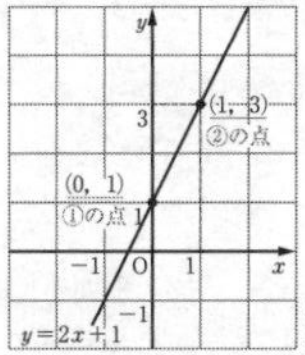

例題24 1次関数 $y=-2x+3$ について，次の問いに答えなさい。

❶ この関数のグラフの傾きと切片を求めなさい。

解 $y=\underset{\sim}{-2}x+③$ の傾きは $\underset{\sim}{-2}$ であり，切片は③である。

❷ この関数のグラフをかきなさい。

解

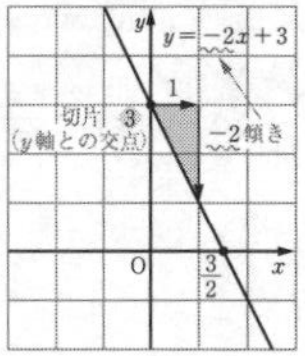

TRY 23 1次関数 $y=-x+2$ について，次の問いに答えなさい。

(1) $x=0$ のときの y の値を求めなさい。

解 $y=-x+2$ に，$x=0$ を代入する。

$y=-1\times0+2=2$

(2) $x=1$ のときの y の値を求めなさい。

解 $y=-x+2$ に，$x=1$ を代入する。

$y=-1\times1+2$

$=-1+2=1$

(3) (1)の x と y の値を座標とする点と，(2)の x と y の値を座標とする点を結び，グラフをかきなさい。

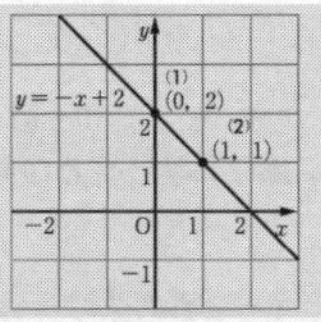

TRY 24 次の1次関数のグラフの傾きと切片を求め，グラフをかきなさい。

(1) $y=2x-1$

解 傾きは 2

切片は −1

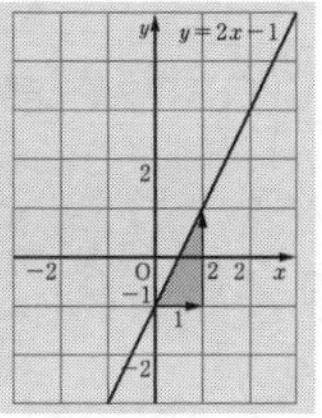

(2) $y=-2x+4$

解 傾きは −2

切片は 4

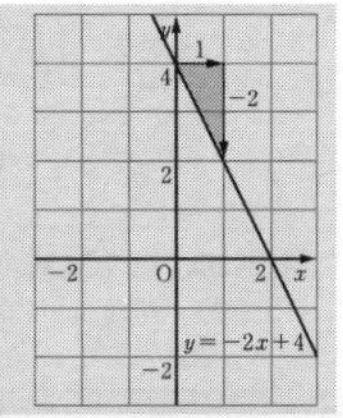

第12回 実力テスト

得点 /100

Check

1 1次関数 $y=x+2$ について，次の問いに答えなさい。【(1)，(2)各5点，(3)10点】

(1) $x=0$ のときの y の値を求めなさい。

解 $y=x+2$ に，$x=0$ を代入する。

$y=0+2=2$ 答 $y=2$

(2) $x=1$ のときの y の値を求めなさい。

解 $y=x+2$ に，$x=1$ を代入する。

$y=1+2=3$ 答 $y=3$

(3) (1)の x と y の値を座標とする点と，(2)の x と y の値を座標とする点を結び，グラフをかきなさい。

答

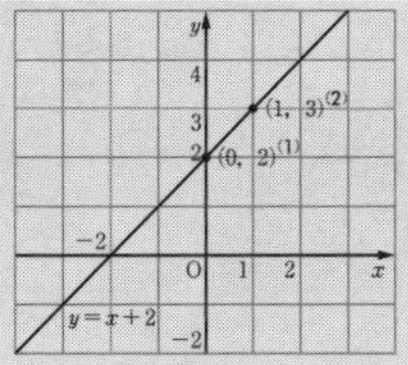

2 方程式 $2x+y=3$ について，次の問いに答えなさい。【(1)，(2)各4点，(3)12点】

(1) $x=0$ のときの y の値を求めなさい。

解 $2x+y=3$ より，$y=-2x+3$ …①

①に $x=0$ を代入する。

$y=-2\times0+3=3$ 答 $y=3$

(2) $x=1$ のときの y の値を求めなさい。

解 (1)の①の式に，$x=1$ を代入する。

$y=-2\times1+3=-2+3=1$

答 $y=1$

(3) (1)の x と y の値を座標とする点と，(2)の x と y の値を座標とする点を結び，グラフをかきなさい。

答

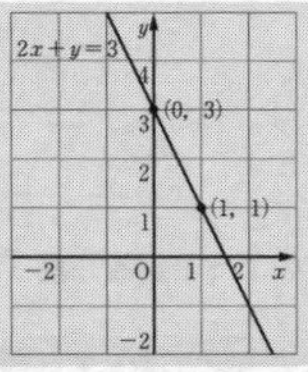

3 次の1次関数や方程式が表すグラフの傾きと切片を求め，グラフをかきなさい。

【傾き，切片各5点，グラフ10点×3問】

(1) $y=-3x+2$

解 傾きは −3

切片は 2

答 傾き −3

切片 2

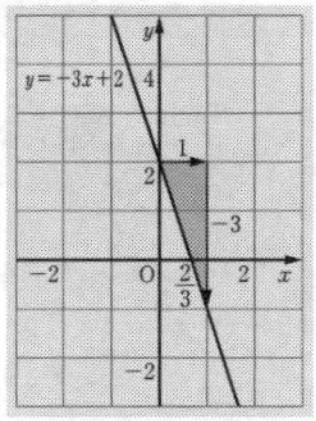

(2) $y=\frac{1}{2}x+3$

解 傾きは $\frac{1}{2}$

切片は 3

答 傾き $\frac{1}{2}$

切片 3

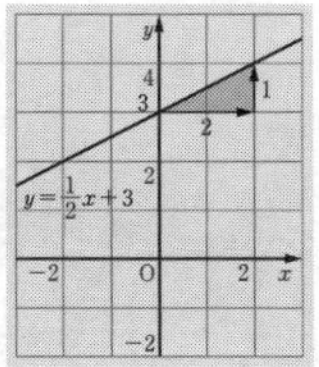

(3) $3x+2y-2=0$

解 $3x+2y-2=0$

$2y=-3x+2$

$y=\frac{-3x+2}{2}$

$y=-\frac{3}{2}x+1$

傾きは $-\frac{3}{2}$

切片は 1

答 傾き $-\frac{3}{2}$

切片 1

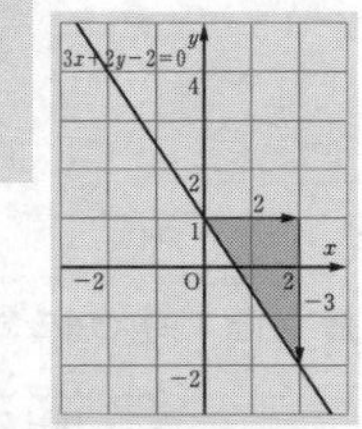

関数 $y=ax^2$ のグラフは，頂点が原点の放物線で表される。

例題 25 関数 $y=2x^2$ について，次の x の値に対する y の値を求めなさい。

❶ $x=1$

解 $y=2x^2$ に，$x=1$ を代入する。
$y=2\times1^2=2\times1=2$

❷ $x=2$

解 $y=2x^2$ に，$x=2$ を代入する。
$y=2\times2^2=2\times4=8$

❸ $x=-2$

解 $y=2x^2$ に，$x=-2$ を代入する。
$y=2\times(-2)^2=2\times4=8$

❹ $x=\frac{1}{2}$

解 $y=2x^2$ に，$x=\frac{1}{2}$ を代入する。
$y=2\times\left(\frac{1}{2}\right)^2=2\times\frac{1}{4}=\frac{1}{2}$

TRY 25 関数 $y=x^2$ について，次の x の値に対する y の値を求めなさい。

(1) $x=1$

解 $y=x^2$ に，$x=1$ を代入する。
$y=1^2=1$

(2) $x=2$

解 $y=x^2$ に，$x=2$ を代入する。
$y=2^2=4$

(3) $x=-2$

解 $y=x^2$ に，$x=-2$ を代入する。
$y=(-2)^2=4$

(4) $x=\frac{1}{2}$

解 $y=x^2$ に，$x=\frac{1}{2}$ を代入する。
$y=\left(\frac{1}{2}\right)^2=\frac{1}{4}$

例題 26 関数 $y=2x^2$ について，次の問いに答えなさい。

❶ x の値に対する y の値を対応表にまとめなさい。

解

x	-2	-1	$-\frac{1}{2}$	0	$\frac{1}{2}$	1	2
y	8	2	$\frac{1}{2}$	0	$\frac{1}{2}$	2	8

y は減る　頂点　y は増える

❷ この関数のグラフをかきなさい。

解

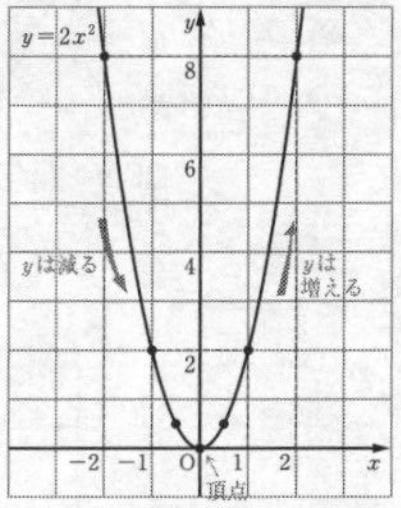

TRY 26 関数 $y=x^2$ について，次の問いに答えなさい。

(1) x の値に対する y の値を対応表にまとめなさい。

x	-3	-2	-1	0	1	2	3
y	9	4	1	0	1	4	9

(2) この関数のグラフをかきなさい。

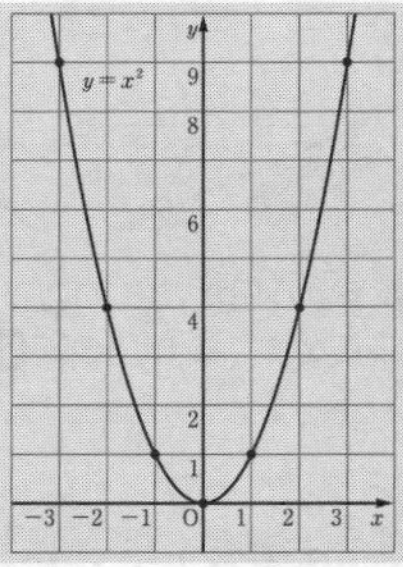

第 13 回 実力テスト

得点　　/100　Check

1 次の関数の対応表を完成させ，グラフをかきなさい。

【対応表 10 点，グラフ 20 点×3 問】

(1) $y=-x^2$

答

x	-3	-2	-1	$-\frac{1}{2}$	0	$\frac{1}{2}$	1	2	3
y	-9	-4	-1	$-\frac{1}{4}$	0	$-\frac{1}{4}$	-1	-4	-9

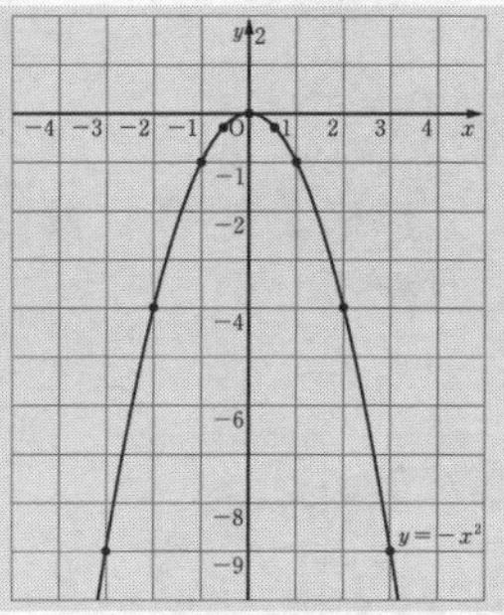

(2) $y=-2x^2$

答

x	-2	-1	$-\frac{1}{2}$	0	$\frac{1}{2}$	1	2
y	-8	-2	$-\frac{1}{2}$	0	$-\frac{1}{2}$	-2	-8

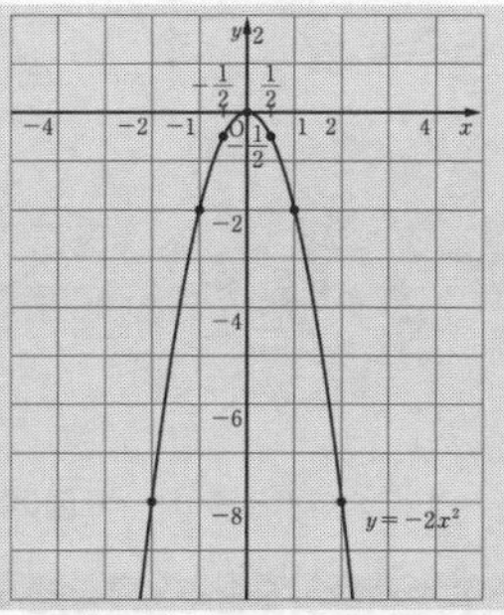

(3) $y=\frac{1}{2}x^2$

答

x	-3	-2	-1	$-\frac{1}{2}$	0	$\frac{1}{2}$	1	2	3
y	$\frac{9}{2}$	2	$\frac{1}{2}$	$\frac{1}{8}$	0	$\frac{1}{8}$	$\frac{1}{2}$	2	$\frac{9}{2}$

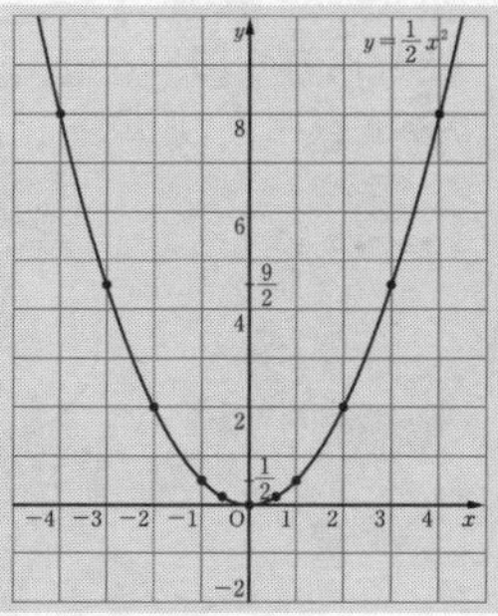

2 次の問いに答えなさい。【5 点×2 問】

(1) 関数 $y=ax^2$ において，$x=2$ のとき，$y=8$ であった。このときの a の値を求めなさい。

解 $y=ax^2$ に，$x=2$，$y=8$ を代入する。
$8=a\times2^2$
$8=4a$
$a=\frac{8}{4}$
$a=2$

答 $a=2$

(2) 関数 $y=\frac{1}{2}x^2$ において，$y=8$ のときの x の値を求めなさい。

解 $y=\frac{1}{2}x^2$ に，$y=8$ を代入する。
$8=\frac{1}{2}x^2$
$x^2=16$
$x=\pm\sqrt{16}$
$x=\pm4$

答 $x=\pm4$

14 三平方の定理

「三平方の定理」 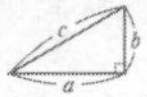

$a^2+b^2=c^2$ が成り立つ。

例題 27 次の図で，x の値を求めなさい。

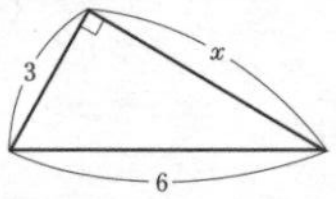

解　三平方の定理より

$6^2=3^2+x^2$

$36=9+x^2$

$x^2=36-9=27$

$x>0$ より

$x=\sqrt{27}$

$=\sqrt{3^2\times 3}=3\sqrt{3}$

例題 28 次の円 O で，x の値を求めなさい。ただし，AP は円 O の接線とする。

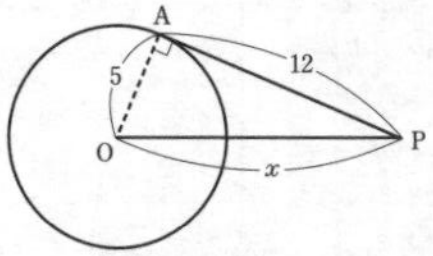

解　△OAP で，三平方の定理より

$x^2=5^2+12^2$

$=25+144=169$

$x>0$ より

$x=\sqrt{169}=\sqrt{13^2}=13$

TRY 27 次の図で，x の値を求めなさい。

(1)

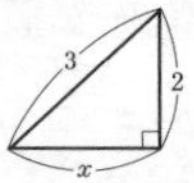

解　$3^2=2^2+x^2$

$9=4+x^2$

$x^2=9-4=5$

$x>0$ より

$x=\sqrt{5}$

(2)

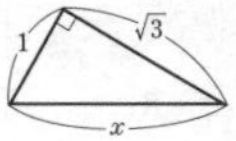

解　$x^2=1^2+(\sqrt{3})^2$

$=1+3$

$=4$

$x>0$ より

$x=2$

(3)

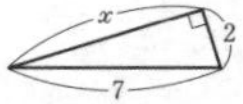

解　$7^2=x^2+2^2$

$49=x^2+4$

$x^2=49-4=45$

$x>0$ より

$x=\sqrt{45}=\sqrt{3^2\times 5}$

$=3\sqrt{5}$

TRY 28 次の図で，x の値を求めなさい。

(1) 正方形 ABCD

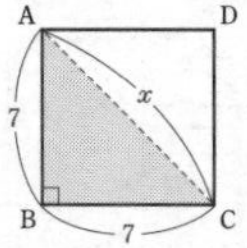

解　$x^2=7^2+7^2$

$=49+49$

$=98$

$x>0$ より

$x=\sqrt{98}=\sqrt{7^2\times 2}$

$=7\sqrt{2}$

(2) 正三角形 ABC

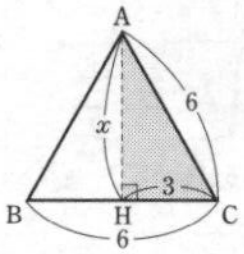

解　$CH=6\times\frac{1}{2}=3$

よって，$6^2=x^2+3^2$

$36=x^2+9$

$x^2=36-9=27$

$x>0$ より

$x=\sqrt{27}=3\sqrt{3}$

(3) 台形 ABCD

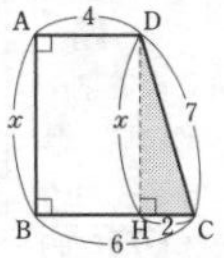

解　$CH=6-4=2$

よって，△CDH で

$7^2=x^2+2^2$

$49=x^2+4$

$x^2=49-4=45$

$x>0$ より

$x=\sqrt{45}=\sqrt{3^2\times 5}$

$=3\sqrt{5}$

第 14 回　実力テスト

得点　/100

Check

1 次の図で，x の値を求めなさい。

【10 点×5 問】

(1)

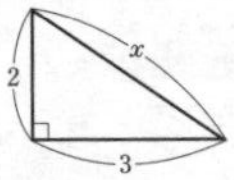

解　$x^2=2^2+3^2$

$=4+9=13$

$x>0$ より

$x=\sqrt{13}$

答　$x=\sqrt{13}$

(2)

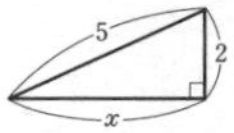

解　$5^2=2^2+x^2$

$25=4+x^2$

$x^2=25-4=21$

$x>0$ より

$x=\sqrt{21}$

答　$x=\sqrt{21}$

(3)

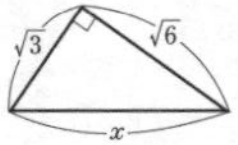

解　$x^2=(\sqrt{3})^2+(\sqrt{6})^2$

$=3+6=9$

$x>0$ より

$x=3$

答　$x=3$

(4)

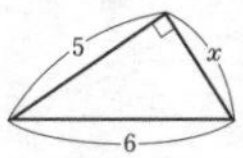

解　$6^2=5^2+x^2$

$36=25+x^2$

$x^2=36-25=11$

$x>0$ より

$x=\sqrt{11}$

答　$x=\sqrt{11}$

(5)

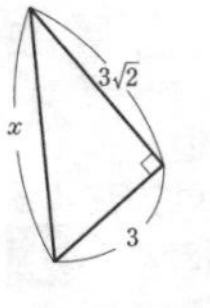

解　$x^2=(3\sqrt{2})^2+3^2$

$=18+9$

$=27$

$x>0$ より

$x=\sqrt{27}=\sqrt{3^2\times 3}$

$=3\sqrt{3}$

答　$x=3\sqrt{3}$

2 次の図で，x の値を求めなさい。

【10 点×5 問】

(1) 正方形 ABCD

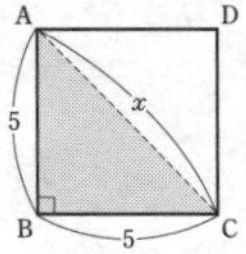

解　$x^2=5^2+5^2$

$=25+25=50$

$x>0$ より

$x=\sqrt{50}=\sqrt{5^2\times 2}$

$=5\sqrt{2}$

答　$x=5\sqrt{2}$

(2) 正三角形 ABC

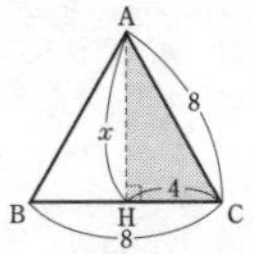

解　$CH=8\times\frac{1}{2}=4$

よって，$8^2=x^2+4^2$

$64=x^2+16$

$x^2=64-16=48$

$x>0$ より

$x=\sqrt{48}=\sqrt{4^2\times 3}=4\sqrt{3}$

答　$x=4\sqrt{3}$

(3) AP は円 O の接線

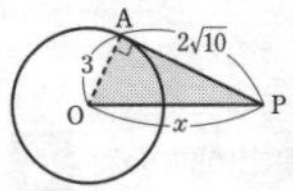

解　$x^2=3^2+(2\sqrt{10})^2$

$=3^2+(\sqrt{40})^2$

$=9+40=49$

$x>0$ より　$x=7$

答　$x=7$

(4) AB は円 O の弦

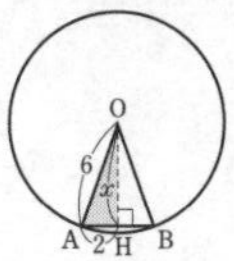

解　$6^2=x^2+2^2$

$36=x^2+4$

$x^2=36-4=32$

$x>0$ より

$x=\sqrt{32}=\sqrt{4^2\times 2}$

$=4\sqrt{2}$

答　$x=4\sqrt{2}$

(5) 台形 ABCD

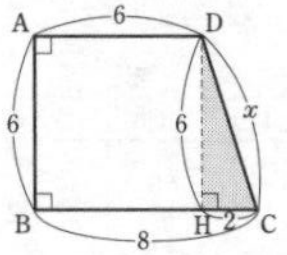

解　$CH=8-6=2$

よって，△CDH で

$x^2=6^2+2^2$

$=36+4=40$

$x>0$ より

$x=\sqrt{40}=2\sqrt{10}$

答　$x=2\sqrt{10}$

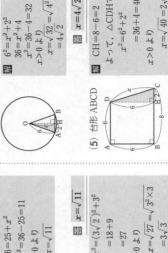

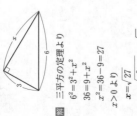

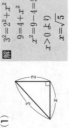

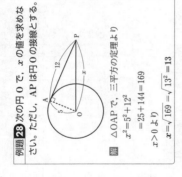

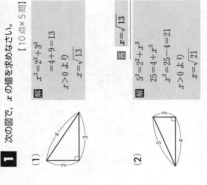